SOCIÉTÉ D'AGRICULURE

DE LA

GÉNÉRALITÉ DE SOISSONS.

SOCIÉTE

D'AGRICULTURE

DE LA

GÉNÉRALITÉ DE SOISSONS.

BUREAUX DE LAON

ET

DE SOISSONS.

Par MM. BOUIT et MATTON.

LAON,

IMPRIMERIE DE ÉD. FLEURY. RUE SÉRURIER, 22.

1856.

SOCIÉTÉ D'AGRICULTURE

DE

LA GÉNÉRALITÉ DE SOISSONS.

———— ❦ ————

Bureau de Laon.

« Vers l'an 1750, dit quelque part Voltaire, la nation, rassa-
» siée de vers, de tragédies, de comédies, d'opéras, de ro-
» mans, d'histoires romanesques, de réflexions morales plus
» romanesques encore, se mit enfin à raisonner sur les blés. »

A ce ton ironique, on pourrait croire qu'il ne s'agit encore là
que d'un de ces caprices de la mode, nés du hasard et que
n'adopte pas la raison. Mais le philosophe lui-même s'était
épris de l'agriculture et en parlait avec son esprit et sa verve
ordinaires. Ce qui vaut mieux, il avait su défricher les bruyères
et fertiliser les landes de Ferney; et les belles génisses qui
couvraient les prairies créées de ses mains, lui semblaient, à
certains moments, ne guère moins valoir que Tancrède et Ma-
homet.

« La nature, dit-il, dans une de ses faciles épitres,

» La nature t'appelle, apprends à l'observer.
» La France a des déserts, ose les cultiver;
» Elle a des malheureux : un travail nécessaire,
» Ce partage de l'homme et son consolateur,
» En chassant l'indigence amène le bonheur.
» Change en épis dorés, change en gras pâturages
» Ces ronces, ces roseaux, ces affreux marécages. »

Cette poésie n'est pas, sans doute, celle des Géorgiques,
mais elle constate un fait plus vrai. Pour l'agriculture romaine,

1

Les Géorgiques étaient le chant du cygne ; les vers de Voltaire signalent, en passant, les premiers efforts de la nôtre. Les pâles et froides *Saisons* de Saint-Lambert (1765) essaient de lui tracer sa route, et de faire aimer au monde des salons et des boudoirs les champs et les *mortels* qui les cultivent ; et l'habile traduction de l'abbé Delille (1769) doit moins peut-être l'enthousiasme qu'elle excite à l'éclat de sa brillante poésie qu'à l'heureux à-propos de son apparition.

Vers le milieu du XVIIIe siècle, en effet, la France, en dépit de sa littérature déclamatoire ou sensuelle, commençait à réfléchir ; et elle avait pour cela d'assez bonnes raisons. Arrachée par des intrigues de femmes à l'économe irrésolution d'un vieillard, la guerre de la succession d'Autriche s'était terminée, sinon sans gloire, du moins sans profit, comme elle avait commencé sans but. « *Traiter en Roi et non en Marchand,* » c'est un mot qui fait bel effet sur le papier, mais qui n'accommodait que médiocrement les affaires. Déjà épuisées par les conquêtes et les désastres d'un autre règne, puis bouleversées par d'aventureuses expériences qui, sous couleur de fonder le crédit, avaient inauguré la banqueroute, les finances recevaient le coup de grâce de la guerre de sept ans. Le trésor était vide, le peuple écrasé d'impôts, le commerce anéanti, les colonies perdues.

Les poètes faisaient bien encore des vers, et beaucoup ; on riait toujours au théâtre de la Foire et à l'Opéra-Comique ; on folâtrait à la cour en s'endettant : mais au fond, le vieux bon sens gaulois n'était pas mort. L'esprit de réforme et d'examen avait repris son cours, d'autant plus rapide peut-être qu'il avait été plus fortement contenu. La chanson et l'épigramme ne suffisaient plus, ou du moins, si l'on chantait encore, ce n'était plus signe qu'on fût prêt à payer. C'est à la science administrative, à l'économie politique, qu'on allait désormais demander des armes ; c'est la *nation*, mot vague, et par cela même d'un grand effet, qu'on commençait à mettre en scène en réclamant son concours et son appui. Dans toutes les classes de la société, méditaient, isolément ou en commun, des hommes graves et sincères qu'effrayaient le présent et qu'inté-

ressait l'avenir. Par quels moyens adoucir tant de souffrances
et relever la fortune publique : voilà le problème qu'ils cher-
chaient à résoudre. Nulles ressources ne leur paraissaient plus
prochaines et plus sûres qu'une meilleure culture du sol, une
plus juste répartition des charges, l'affranchissement du commerce et de l'industrie. Ces idées avaient pénétré peu à peu
du cabinet des savants dans les conseils de l'Etat et, dès 1751,
un contrôleur-général avait proposé un impôt territorial qui eût
remplacé la taille et atteint les classes privilégiées. Sans entrer
dans aucun détail, nous voulons seulement établir qu'en 1750,
aussi bien que dans les années qui suivent, grâce aux traités
des économistes, aux articles répandus dans l'Encyclopédie,
et à l'exemple donné par des hommes tels que les deux Tru-
daine, Turgot et Lamoignon de Malesherbes, tous les esprits
en France s'étaient tournés résolument vers l'agriculture, et
qu'y chercher et y voir la source la plus féconde de la ri-
chesse nationale, n'était pas une mode passagère, mais l'effet
d'une conviction sincère et réfléchie. Ce fut dans ces circonstances que, pénétré de cette pensée, le contrôleur-général
Bertin, homme de ressources et d'action, aux vues droites
et hardies, établit des Sociétés d'agriculture par toute la France.

La généralité de Soissons voulut avoir la sienne qui fut ins-
tituée par arrêt du conseil du 7 septembre 1761.

« Le Roi, est-il dit dans le préambule, étant informé que
» plusieurs de ses sujets, zélés pour le bien public, se por-
» taient avec autant d'empressement que d'intelligence à l'amé-
» lioration de l'agriculture dans son royaume ; et que, dans la
» vue d'encourager les cultivateurs, par leur exemple, à défri-
» cher les terres incultes, à acquérir de nouveaux genres de
» culture, à perfectionner les différentes méthodes de cultiver
» les terres actuellement en valeur, ils se seraient proposé
» d'établir, sous la protection de Sa Majesté, des Sociétés
» d'agriculture dont les membres, éclairés par une pratique
» constante, se communiqueraient leurs observations et en
» donneraient connaissance au public par leurs expériences ;
» que, nommément dans la généralité de Soissons, un nombre

» de personnes qui y possèdent ou cultivent des terres, dis-
» tinguées dans leur état et occupées d'augmenter la culture
» des terres dans cette province, n'attendaient que la permis-
» sion de Sa Majesté pour se former en société et travailler de
» concert à cet objet,..... Sa Majesté a ordonné et ordonne,
» etc. »

Voici l'organisation prescrite par le même arrêt :

« 1° La Société royale d'agriculture de la généralité de Soissons fera son unique occupation de l'agriculture et de tout ce
qui y a rapport, sans qu'elle puisse prendre connaissance
d'aucune autre matière.

» 2° Elle sera composée de deux bureaux dont l'un tiendra
ses séances à Soissons et l'autre à Laon ; mais tous les membres de ladite Société, ne formant qu'un seul corps, auront séance
et voix délibérative dans chacun desdits bureaux, lorsqu'ils se
trouveront dans le lieu de leur établissement.

» 3° Chacun des deux bureaux sera composé de vingt personnes.

» 4° L'intendant de la généralité aura séance et voix délibérative, comme commissaire du Roi, dans toutes lesdites
assemblées.

» 5° Les assemblées ordinaires de chaque bureau se tiendront une fois chaque semaine dans la ville où il siège.

» 6° Les membres pourront prendre, pour la police, le lieu
et le jour de leurs assemblées, ainsi que pour leurs élections,
telles délibérations qu'il leur conviendra.

» 7° Les délibérations qui seront prises par la Société sur
le fait de l'agriculture, et tous les mémoires qui y seront relatifs,
seront adressés au contrôleur-général des finances pour, sur le
compte qui en sera par lui rendu à Sa Majesté, être par elle
pourvu à ce qu'il appartiendra. »

Cet arrêt, à son insu, donnait carrière aux utopies et aux
témérités. Où trouver, en effet, dans la Société, telle qu'elle
existait alors, quelque chose qui n'eût pas rapport à l'agriculture ? Redevances, corvées, impôts, douanes, industrie, commerce, police, coutumes et législation, tout par quelque coin

s'y rattachait. Le bon sens et les calmes habitudes des hommes désignés, presque tous ecclésiastiques ou magistrats, étaient pour le moment une garantie de prudence et de réserve; mais qui pouvait répondre de leurs successeurs, sous un régime affaibli, dont les plus intéressés mêmes stigmatisaient ou plaisantaient les abus? Là était le péril, du moins pour l'avenir. Avec un pouvoir sans contre-poids et sans contrôle, la discussion plait et entraîne par cela même qu'elle n'a pas de limites précises. Libre sur un point, l'esprit d'examen n'attend pas qu'on lui fasse sa part.

N'était-ce pas encore une erreur que de supposer que deux bureaux ne feraient qu'une seule et même Société, comme si, dans la nature humaine, partout où il y a deux corps, il pouvait n'y avoir pas deux esprits? Le peu de documents qui se sont conservés sur la Société de Soissons prouvent du reste qu'au lieu de deux sœurs, l'arrêt du Conseil-d'État avait fait deux rivales.

Enfin, car la critique est facile après l'expérience, l'édit veut des hommes *éclairés par une pratique constante;* et sur les listes des quarante premiers membres nommés par le Roi dans les deux bureaux, nous ne trouvons qu'un seul homme qui puisse avoir pratiqué : c'est un bourgeois de Soissons, le sieur *Lebrasseur*, qualifié ancien fermier. La théorie est, de sa nature, assez envahissante; n'était-ce pas lui faire la part un peu trop forte?

Le bureau de Soissons, réuni le 29 et le 30 octobre, avait rédigé un règlement général de la Société.

Ce règlement contient, en dehors de l'édit de 1761, les dispositions suivantes :

» Art. 2. Les deux bureaux correspondront régulièrement entre eux et se communiqueront chaque semaine leurs travaux et leurs délibérations, ainsi que les mémoires, en tout ou par extraits, qui seraient destinés à l'impression. Le bureau de Soissons sera le bureau général et le centre de la correspondance de la Société.

» Art. 5. Les élections de Laon, Noyon et Guise, sont particulièrement affectées au bureau de Laon.

» Art. 4. Les assemblées publiques seront annoncées dans la province, et l'on y distribuera les prix que le Roi jugera à propos d'y établir, ou que des citoyens zélés voudront donner.

» Art. 6. Dans le temps des vacances, fixées depuis le 1er septembre jusqu'à la Saint-Martin, les assemblées pourront se tenir entre ceux qui seront présents, pour éviter d'interrompre entièrement l'ordre du travail et d'une correspondance si utile ; mais il n'y pourra rien être statué définitivement, et dans les autres temps de l'année, les délibérations ne pourront être arrêtées qu'on ne soit au moins neuf.

» Art. 7. La Société choisira des associés, suivant la permission qu'elle espère en obtenir du Roi. (Cette permission fut en effet accordée dans les premiers jours du mois suivant.)

» Le nombre n'en sera point fixé ; ils seront choisis non-seulement en France parmi les régnicoles, mais encore dans les pays étrangers. Ils auront séance et voix délibérative.

» Art. 8. La Société correspondra également par ses deux bureaux avec les autres Sociétés d'agriculture établies dans le royaume, pour profiter de leurs travaux et de leurs lumières.

» Il sera de même écrit par chaque bureau, au nom de la Société, aux personnes tant de cette province que des autres, qui seront connues pour faire une étude particulière de l'agriculture. Elles seront invitées à envoyer des mémoires à la Société.

» Art. 9. Il y aura dans chacun des deux bureaux de la Société un directeur qui sera élu tous les ans, par scrutin, à la pluralité des voix. Le même directeur ne pourra être continué deux ans de suite. Le directeur du bureau de Soissons sera le directeur-général de la Société.

» Art. 10. Le secrétaire de chaque bureau sera perpétuel ; lorsque ces fonctions viendront à vaquer, il y sera pourvu par la même voie que pour l'élection d'un directeur.

(Le secrétaire recevait, par an, à titre de frais de bureau, 500 fr. payés *par l'Intendance.*)

» Le secrétaire du bureau de Soissons sera chargé de la correspondance générale de la Société.

(Un troisième office fut créé en 1765, celui de *Censeur* :

« Le bureau de Soissons, désirant, à l'imitation des autres
» Compagnies, faire imprimer les mémoires de la Société, con-
» sulte à ce sujet celui de Laon, et propose de confier le choix
» de ses publications à son directeur, M. Charpentier.

» Le bureau de Laon, d'une voix unanime, applaudit à ce
» projet et donne son suffrage à la nomination indiquée.) »
(5 juillet.)

» Art. 11. Un *tableau annuel de préséance* sera formé, après l'élection du directeur, des noms des membres de chaque bureau, tirés au sort et par numéros. Les membres de chaque bureau nommeront par scrutin, à la pluralité des voix, aux places qui viendront à vaquer.

» Tous devront résider dans la ville où siége le bureau dont ils font partie ; s'ils cessent d'y demeurer, leur place deviendra vacante de plein droit. »

Le 1er novembre, le bureau de Laon tint sa première séance à l'Hôtel-de-Ville, sous la présidence de M. de Méliand, intendant de la province.

Il se composait des vingt noms suivants :

Barbier-Hubert, chanoine de la cathédrale.
De Béthune, conseiller d'épée au bailliage.
Baudelot, curé de la ville.
Belin, officier de l'Election.
Bottée, officier de l'Election.
Davisard, supérieur du séminaire.
Delagrange, procureur du Roi de la police.
Dogny, officier de l'Election, subdélégué.
Duchesne, lieutenant-général de police.
Gérault, curé de la ville.
Gobert, curé de la ville.
Gouge, procureur du Roi en l'Election.
Lecarlier, avocat.

Lerebours de Vaumadeuc, chanoine de la cathédrale et official.

Mathieu de Vauvillé, trésorier de France.

Dom Margana, religieux bénédictin de l'abbaye de St-Jean.

Marquette de Villers, lieutenant criminel.

Randon, receveur des tailles.

Symart (de), contrôleur des guerres.

Valioud, agent de l'école militaire. (1)

Le premier acte des membres présents fut de remercier le Roi de leur nomination, et de déclarer que « *dans leur inten-* » *tion de donner toujours à S. M. des marques de leur zèle pour* » *son service et le bien de l'Etat, ils ne négligeront rien de ce qui* » *pourrait les mettre à même de répondre aux vues de S. M.* » *pour le bien de ses sujets par une étude particulière de l'agri-* » *culture et de ce qui y a rapport.* »

On élut pour directeur M. Lerebours de Vaumadeuc, et pour secrétaire perpétuel M. Gouge.

En 1786, on créa un troisième office, celui de trésorier, qui fut confié à M. Marchant de Cambronne.

Le bureau partagea ensuite entre ses membres les Elections avec lesquelles ils devaient particulièrement correspondre.

Douze furent attachés à celle de Laon.

  Trois pour Laon et Craonne ;

  Trois pour La Fère et Ribemont ;

  Trois pour Sissonne et Neufchâtel ;

  Trois pour Marle et Vervins.

Quatre à celle de Noyon.

Quatre à celle de Guise.

Puis il se divisa en neuf départements ou commissions qui se répartirent, comme il suit, les différentes questions d'agriculture :

(1) Il était régisseur de la manse abbatiale de Saint-Jean, de Laon, réunie à la chapelle de l'Ecole militaire, le 31 juillet 1760, par une bulle du pape Clément XIII, fulminée à Laon le 31 octobre de la même année.

Le produit de cette manse s'élevait, en 1729, à 12,500 fr.; ses charges ne dépassaient pas 2,070 fr.

« 1° Culture des terres, instruments de labourage.

» 2° Engrais de toutes espèces et mélanges de terres.

» 3° Légumes et arbres fruitiers.

» 4° Abeilles et vers à soie.

» 5° { Prairies naturelles et artificielles.
      { Bestiaux, — volailles de différentes espèces.

» 6° Vignes et bois.

» 7° Plantations d'arbres qui ne portent pas de fruits.

» 8° Défrichement des terres. — Dessèchement des marais.

» 9° Houille et cendres de toutes espèces. »

Le bureau ainsi constitué, les travaux commencèrent immédiatement. On lut une lettre adressée (le 6 décembre 1760), par M. l'Intendant, à M. le Contrôleur général, sur l'état de l'agriculture de la province, et trois mémoires, dont un de M. le marquis d'Hervilly, sur le partage des biens communaux de la Picardie.

Le bureau de Laon se montrait donc rempli d'ardeur, comme toute Société à son début. Il prenait son rôle au sérieux ; et, s'il semblait s'en exagérer quelque peu l'importance, les faits ne tardèrent pas à prouver son zèle et son utile activité.

Un règlement particulier fixa l'ordre et la police intérieure du bureau ; en voici les principales dispositions.

« Art. I. L'élection du directeur se fera tous les ans, à la première assemblée ordinaire, après la fête de *la Toussaint.*

» Art. IV. Pour toutes délibérations, les membres *sont priés de donner leur avis le plus clairement et brièvement qu'il est possible, sans se jeter sur d'autres questions étrangères au sujet.*

» Art. VI. Les assemblées ordinaires se tiendront *tous les mardis, à quatre heures très-précises,* excepté les jours de fêtes solennelles.

» Art. VIII. Le secrétaire perpétuel doit avoir quatre registres : le premier contient toutes les délibérations ; le second, copie des lettres écrites et reçues ; le troisième, indication par dates et par numéros d'ordre de tous les mémoires et papiers adressés au bureau ou, en commun, à la Société ; le quatrième, la correspondance des deux bureaux.

De ces quatre registres, un seul s'est conservé, celui des *délibérations;* il est clos au 20 mars 1787. Peut-être même n'y eut-il jamais que celui-là; le secrétaire était chargé d'une foule de détails, et quand les écritures se multiplient, on n'est que plus disposé à s'en affranchir.

Un nouvel article du 16 mars 1773, dû à l'initiative du bureau de Soissons, porte qu'au décès de l'un de ses membres, le bureau fera célébrer, dans l'église des RR. PP. Cordeliers, un service funèbre dont les frais, fixés à 12 livres, seront supportés en commun par tous les membres.

Les sieurs Lerebours de Vaumadeuc, Duchesnes et Doguy, morts depuis l'établissement de la Société, reçurent les premiers ce pieux *témoignage du souvenir et de l'attachement de leurs confrères.*

La Société royale d'agriculture de la généralité de Soissons avait commencé par publier un écrit qui devait faire connaître la forme de son établissement.

Le Bureau de Laon s'empressa de nommer des associés : ils furent choisis, soit parmi de grands personnages dont les noms lui promettaient de l'éclat et de l'appui, soit parmi de riches propriétaires les mieux placés pour tenter impunément des expériences, ou pour prescrire à leurs fermiers de nouvelles méthodes d'une supériorité reconnue.

On leur adjoignit des *correspondants,* et, pour se procurer des renseignements exacts sur l'état de la culture et le sort des populations qu'elle emploie, le Bureau désigna de droit les subdélégués de l'intendant dans les trois Elections, puis, au choix, quelques cultivateurs seulement. Plus tard, il est vrai, ce titre fut accordé à bon nombre de vrais *laboureurs,* dont la patiente observation et l'expérience pratique pouvaient prévenir les écarts de la spéculation; mais c'était en 1786, et les questions agricoles n'étaient plus précisement celles dont la France commençait à se préoccuper.

Le gouvernement, avons-nous dit, sentait lui-même la nécessité d'entrer dans des voies nouvelles pour réparer les malheurs et les fautes du passé; il voulait le bien de bonne foi, et,

convaincu que d'une meilleure culture des terres devait naître
la prospérité publique, il s'associait à des idées de réforme
qu'un seul mot résumait peut-être, mais ne précisait pas.
Bertin, qui, selon Grim, voulait, pour enrichir la nation, lui
inoculer l'esprit chinois, ne se contente pas d'établir des Sociétés d'agriculture à Paris et dans les principales villes de France;
il leur donne une intelligente direction, et même, lorsqu'il
n'est plus que simple ministre d'État, il continue d'entretenir
avec elles une active correspondance et de leur prêter son appui.

Dociles à cette première impulsion, qui du reste était
d'accord avec leur propre pensée, M. de Méliand et M. le Pelletier
de Mortefontaine accueillent ou provoquent sans cesse les communications du Bureau de Laon, les sanctionnent ou les amen-
dent et lui transmettent les travaux des autres Sociétés. De son
côté, le contrôleur-général lui adresse le *Journal d'Agriculture*,
la *Gazette du Commerce*, tous les traités nouveaux, et il y en
avait beaucoup, car la plume ne doute de rien. Il les consulte,
il leur propose des thèses de cette nature : « Quel est l'état
» réel de l'agriculture en France? Par quels moyens augmenter
» la production? Quels abus dans les coutumes ou la législation
» s'opposent à son entier développement? Convient-il de limiter
» ou d'affranchir la circulation des blés, leur exportation et
» leur importation? D'où vient le prix élevé du pain en égard
» à celui de la farine? Serait-il possible de le taxer d'une ma-
» nière uniforme dans les villes et dans les campagnes? La po-
» pulation ne répond ni à l'étendue, ni à la fertilité possible
» du territoire; par quelles mesures en favoriser l'accroisse-
» ment? Y aurait-il avantage à permettre la libre entrée aux
» bestiaux de l'étranger? Quels seraient les résultats de l'uni-
» formité des poids et mesures pour tout le royaume? » et bien
d'autres questions d'une égale gravité.

C'était là, comme on le voit, un champ bien vaste ouvert à
l'imagination; mais l'autorité ne faisait pas seulement appel aux
purs économistes, elle s'adressait aussi aux praticiens sérieux.
En parcourant les délibérations du seul Bureau de Laon, on la
voit favoriser dans la province les essais tentés pour la culture

du riz de Sédan, du colza, de la garance, de la pomme de terre (de celle-ci, il est vrai, sans succès bien marqués, car, chez nous l'habitude est longtemps plus forte que la raison et le besoin); recommander les défrichements, le dessèchement des marais, les assolements variés, la création des prairies artificielles; encourager l'élève et la multiplication du bétail et des troupeaux, le croisement des races; indiquer les soins qui doivent donner aux toisons plus d'abondance et de finesse; préparer enfin de tous ses efforts les heureux perfectionnements dont le siècle suivant devait seul profiter.

Dès l'origine, M. de Méliand avait pressenti de quelle importance pouvaient être les terres pyrito-alumineuses dont Gouge étudiait assidûment la nature et l'emploi; et, sur la proposition de ce dernier, il autorise, au compte du Roi, la location d'une maison, de huit arpents de terres labourables et de deux arpents et demi de prés, situés au pied de la montagne de Laon, au lieudit *Ferme de Brunehault*. C'est là que se firent toutes les expériences relatives aux propriétés et au mélange des cendres noires, aux effets de cet engrais sur les productions de toute espèce, et à l'influence qu'elles pouvaient avoir sur la santé des animaux.

En 1763, Bertin sollicite le Bureau de trouver, dans son ressort, de l'emploi pour un certain nombre de colons du Canada qui, refusant de se reconnaître Anglais, étaient venus en fugitifs demander asile à la mère-patrie.

En 1765, il presse vivement le Bureau d'établir, comme celui de Paris, une école où seraient élevés et instruits un certain nombre d'enfants trouvés qui sont dans les hôpitaux de son arrondissement.

En 1771, il lui adresse un traité sur la meilleure méthode de rappeler les noyés à la vie, et l'invite à lui faire connaître le jugement qu'il en porte, et les perfectionnements dont cette méthode lui paraîtrait susceptible.

En 1774, M. le Pelletier établit pour la généralité de Soissons un cours public d'accouchement. « L'annonce d'un *art si précieux pour la naissance et la conservation de l'espèce humaine*, » dit le procès-verbal, « *répand, dans le cœur de Messieurs, la plus vive reconnaissance.* » Pour aplanir toutes les difficultés, le Roi daignait accorder quarante sous par jour aux sages-femmes et élèves pendant toute la durée des conférences. Sur les sollicitations du bureau, ce cours fut inauguré dans la ville de Laon le 9 août, et M. Dufot, médecin pensionné du Roi, en fit l'ouverture. Toute la compagnie qui y avait assisté, applaudit le professeur dont le discours se recommanda surtout *par une éloquence mâle ornée d'une lumineuse métaphysique.*

En 1778, M. le Pelletier envoie au Bureau un âne étalon du Mirebalais, propre à produire une belle race, particulièrement utile dans les parties montagneuses du Laonnois, et promet sa protection à la personne qui secondera ses vues. Il ne tarde pas en effet, pour le dédommager de ses dépenses, d'accorder au sieur Charpentier, à qui le bureau avait confié l'étalon, un dégrèvement sur ses impositions, et M. Desgrigny d'Hervillé, inspecteur général des haras du Soissonnais, lui donne une commission de garde.

Enfin, en 1786, le Bureau conçoit le projet d'établir à Laon un cours public de botanique. L'intendant, M. de Blossac, approuve la proposition et alloue 150 livres par an pour les frais de l'établissement ; l'Hôtel-de-Ville livre son jardin à la culture des plantes qui devront être étudiées.

L'abbé de Chalenton se charge du cours qui aura lieu le jeudi et le samedi de chaque semaine, du 1er mai au 1er septembre. De nombreuses affiches en annoncent l'ouverture, qui se célèbre avec solennité le 1er juillet, en présence du Bureau réuni extraordinairement et d'une brillante compagnie.

Ces faits, que nous n'avons pas voulu multiplier, ne témoignent pas seulement des dispositions bienveillantes de l'administration ; c'est aussi, ce nous semble, une preuve que, si la ville de Laon n'était que la seconde de la Généralité, elle entendait ne le céder à aucune autre en activité, en intelligence, en zèle pour le bien public.

Les assemblées ordinaires du Bureau se tenaient chez les RR. PP. Cordeliers qui fournissaient une chambre et le feu nécessaire, moyennant un loyer annuel de 72 livres payé par la ville, suivant conventions arrêtées entre son conseil et l'intendant de la province.

Le 11 avril 1780, *un petit papier* est remis ou plutôt glissé entre les mains du secrétaire par le père Gardien; il était signé Rossignol, trésorier de la ville, et donnait avis que l'Hôtel-de-Ville n'était plus dans l'intention de payer aux révérends pères le loyer d'usage. Ce mystérieux billet excita une tempête d'indignation parmi les placides chanoines et les magistrats émérites qui composaient encore l'assemblée, dont le temps avait déjà bien éclairci les rangs.

« Messieurs ont dit qu'ils ne pouvaient être que fort surpris
» de la forme et du contenu de *ce papier;* qu'ils ne reconnais-
» saient pas au sieur Rossignol, trésorier du bureau de la ville,
» qualité pour leur apprendre ce que le Conseil y agite dans
» ses délibérations, encore moins pour la notifier d'une ma-
» nière aussi singulière, ni même d'aucune autre; que les
» expressions contenues dans ce papier, les raisons qu'on croit
» y donner pour supprimer ce paiement annuel de 72 livres,
» leur rendent fort suspecte l'existence d'aucune décision du
» Conseil de la ville à cet égard; d'autant plus que ce Conseil
» n'a sur l'établissement, la durée ou l'utilité d'un bureau
» d'agriculture à Laon, ni inspection, ni contrôle à faire, et
» qu'on ne le croit pas capable de se compromettre au point
» de critiquer ce que le Roi a jugé à propos d'établir à Laon,
» et qu'il y a effectivement établi par et sous les yeux de son
» commissaire. Enfin, Messieurs ont arrêté que *ce papier* et la
» présente délibération seraient envoyés à monseigneur l'In-
» tendant pour le supplier de donner au bureau de la Société
» à connaître ses intentions. »

L'énergie de la plainte semble prouver qu'on avait mis le doigt sur la plaie. Le Bureau avait fini, en effet, par trop sommeiller : l'année précédente, il ne s'était réuni que deux fois, et, cette année même, malgré ce cruel réveil, il n'eut que quatre séances. Ce qui le blessait le plus, c'était donc qu'on se fût aperçu de son inaction et qu'on élevât des doutes sur l'utilité

dont il pouvait être. Il ne se trompait pas ; c'était même plus
que des doutes. Nous avons sous les yeux la lettre suivante,
qu'à la date du 5 septembre 1780, M. L'Eleu de Servenay, subdélégué à Laon, écrivait à l'intendant, M. le Pelletier, qui l'avait
consulté sur cette affaire :

« Puisque vous me faites l'honneur de me demander, Mon-
» seigneur, ce que l'on pense ici des Sociétés d'agriculture,
» j'ose vous dire que rien d'utile n'est jamais résulté de celle
» de cette ville. Elle n'a, depuis son établissement, profité
» qu'au secrétaire perpétuel de la Société : aussi l'avons-nous
» qualifiée de *vraie duperie.* »

Sans discuter l'urbanité du style, en harmonie sans doute
avec celui du malencontreux *papier*, il y avait là ou dépit trop
vif d'économie déçue, ou trop injuste oubli des services rendus
par le premier de ces secrétaires mêmes si durement mis en
cause.

L'intendant le sentit sans doute ; car, consulté à son tour
par le ministre Necker, il lui répondit (10 octobre 1780) :

« A l'égard des bureaux d'agriculture, je ne vois pas , Mon-
» seigneur, qu'ils aient, jusqu'à présent, répandu de grandes
» lumières dans ma province.... D'ailleurs, les cultivateurs
» n'étudient guère leur métier que dans les exemples, et tou-
» tes les leçons écrites leur sont généralement inutiles. Au reste
» les bureaux d'agriculture étant peu dispendieux, je pense
» qu'il y a lieu de les laisser subsister comme des *dépôts de la*
» *science aratoire dont quelque savant pourra quelque jour former*
» *un corps utile.* »

Voilà du moins une appréciation juste, et modérée. Ce n'est
pas, en effet, par leurs œuvres personnelles qu'il faut juger les
Sociétés de toute nature, mais pour ce qu'elles excitent à faire ;
et, pour emprunter la langue de notre sujet, n'est-ce rien que
de semer parfois ce qui doit germer ailleurs, et tout grain bien
recueilli ne porte-t-il pas en soi sa moisson ?

Cet incident n'eut pas d'autres suites et le bureau revint à
ses loisirs, en cessant de craindre pour son existence ; ainsi,
dans les cinq années qui suivent, on ne compte plus que quatre

séances. Il n'y en eut pas une seule en 1785. C'est alors que , pour ménager les finances communales et ne pas paraître expulser le bureau, on le transféra, sans opposition , dans une des salles de l'Hôtel-de-Ville.

Mais en 1786, animé d'un nouvel esprit et presqu'entièrement reconstitué , le bureau, comme nous l'avons dit, vit le corps de ville lui témoigner plus de bienveillance et mettre à sa disposition le jardin attenant à son hôtel. L'hospitalité donnée à l'étude est , chez nous , une tradition municipale.

Nous avons pu constater les procès-verbaux de quatre cent dix-neuf séances ordinaires, jusqu'au 20 mars 1787. Il est douteux que l'agitation qui ne tarda pas à éclater de toute part , ait permis depuis de les prolonger beaucoup.

Les séances publiques n'eurent lieu qu'à partir de 1786 ; la science elle-même avait alors besoin de montre et d'apparat. On n'en compte que quatre , qui se tinrent le 22 août de cette même année , le 3 septembre 1787 , le 6 septembre 1788, le 5 septembre 1789, dans la grande salle de l'Evêché , comme l'indique la note des dépenses de 1786 et une lettre de Mgr de Sabran qui accepte gracieusement, en 1788 , la présidence de l'assemblée. Les frais de ces séances étaient supportées par le Bureau.

Dans son désir d'encourager le zèle des cultivateurs, le Bureau crut devoir décerner un prix qui parlât aux yeux. Porter au bien par l'attrait des récompenses était une des manies les plus innocentes du XVIII⁰ siècle, trop enclin à négliger le principe intérieur qui seul le peut inspirer. En 1762, « on arrête » d'une voix unanime qu'il sera établi *un prix de la valeur de* » *60 livres, consistant en un écusson, pour être porté publique-* » *ment et comme marque de distinction ; et que M. l'intendant* » *sera prié d'accorder à celui qui l'aura mérité quelque faveur* » *particulière, comme exemption de corvées, convois, logement* » *de gens de guerre, pour le temps qu'il lui plaira limiter.* »

Cette décision fut ratifiée : c'est que le peuple alors ne concevait pas l'honneur sans le privilége, qui seul en était la marque évidente. Quel prix aujourd'hui n'attache-t-il pas à un un simple ruban, dont le respect public est l'unique prérogative !

Un anonyme, en 1762, proposa un prix annuel de *vertu* en faveur de la jeune fille de dix-sept à vingt-cinq ans qui serait jugée en avoir le mieux pratiqué les devoirs. Elle devait se marier dans les dix-huit mois qui suivraient son élection, et le donateur assurait un fonds dont le revenu servirait à la doter.

Nous n'avons pu reconnaître si ces philanthropiques résolutions furent suivies d'effets, et nous n'avons retrouvé le nom d'aucun Cincinnatus de village, d'aucune émule de la vierge de Salency.

Les prix sérieux datent de 1786. On les doit au duc de Charost, *cet homme de si peu d'apparence,* disait Louis XV, *qui pourtant vivifiait trois provinces du royaume.* Digne héritier des Sully, il honorait dans l'agriculture la nourrice des nations, et s'il n'avait pas le génie politique de son grand oncle, il avait gardé du moins son amour du bien public. Le 20 juin, il mit à la disposition du Bureau dont il était un des plus illustres associés, une somme de 600 livres, pour un prix à décerner au mémoire qui aurait le mieux traité *la matière du desséchement des marais du pays laonnois.*

Il offrait de plus une autre somme de 200 livres par an, pour des prix à distribuer soit annuellement, soit en réunissant plusieurs années ensemble, sur les questions que le Bureau jugerait à propos de mettre au concours.

Quelques personnes restées volontairement inconnues ajoutèrent à cette libérale fondation.

La question proposée par M. le duc de Charost fut ainsi rédigée : « 1° Quels sont les avantages qui résulteraient du desséchement des marais du Laonnois ; 2° quels sont les grains, » les plantes et les arbres les plus propres à être cultivés dans » les terrains desséchés. »

Le prix fut accordé, en 1787, dans la séance publique, à M. Cretté de Palluel, maître de la poste aux chevaux de Saint-Denis, seigneur, en partie, de Dugny et correspondant de la Société royale d'agriculture de Paris.

En 1788, le prix était de 500 livres et la question proposée

traitait : « 1° de la position la plus avantageuse des terres à
» vigne : 2° des terres qui conviennent le mieux à la vigne de
» provins et à la grosse vigne ; 3° des espèces de vigne que l'on
» cultive avec le plus de profit dans les différents cantons de la
» province ; 4° du temps le plus favorable à la plantation de la
» vigne, de la préparation à donner à la terre, du plus ou
» moins de convenance des terrains défrichés ; 5° des moyens
» de préserver la vigne des ravages qu'y fait le mars, insecte
» connu dans le pays sous le nom de *mulot*, et le *gribouri*,
» espèce de scarabée, vulgairement appelée *pointerelle*. »

Le prix fut accordé à M. de Beffroy, officier au régiment
d'Orléans, demeurant à Chevregny.

En 1789, prix de même valeur. Questions proposées :
« 1° Quelles règles doit-on suivre dans la taille de la vigne ;
» 2° de quelle manière la doit-on provigner ; 3° dans quel ter-
» rain la greffe de la vigne convient-elle, et dans quel temps la
» faut-il opérer. »

M. de Beffroy vit encore son mémoire couronné. « La Société,
» dit le procès-verbal, est heureuse d'avoir à décerner une
» seconde couronne à celui qui, l'année dernière, a déjà mérité
» ses suffrages... L'auteur profite avec succès de l'avantage
» qu'il a d'habiter le pays pour lequel il écrit ; il y joint les qua-
» lités d'un cultivateur instruit et d'un écrivain clair et métho-
» dique. »

Pour 1790, même prix proposé et quatre nouvelles questions ayant encore la vigne pour objet. Mais l'heureux lauréat
des années précédentes dédaigna un facile triomphe, séduit,
comme tant d'autres, par l'éclat des succès politiques dont le
dernier terme devait être pour lui la mort sur la terre d'exil.
Ces questions restèrent donc sans réponse ; la France en avait
alors bien d'autres à résoudre.

L'existence du Bureau de Laon, qui fut de trente années, se
partage en deux périodes bien distinctes, et se résume dans
deux hommes également remarquables, M. Gouge (Etienne-
Antoine-François) et le père Cotte, l'un et l'autre secrétaires
perpétuels.

De 1761 à 1779, c'est Gouge qui prépare, dirige, inspire tous les travaux avec une ardeur infatigable. C'est à lui que sont renvoyés tous les mémoires ; la sûreté de son jugement reconnaît sur-le-champ ce qu'ils présentent d'utile , en faisant bonne justice des illusions, sans toutefois décourager jamais l'inventeur intelligent ou de bonne foi. Pour toute théorie, il réclame la sanction de la pratique , et s'applique à lui-même le principe qu'il recommande aux autres. Convaincu du parti que pouvait tirer l'agriculture de ces cendres noires si abondantes sous la surface de notre sol, et jusqu'alors abandonnées, il les analyse , les combine , et à force d'expériences et d'observations , il démontre aux plus incrédules qu'il y a là pour la fertilité l'agent le plus actif, pour le pays une nouvelle source d'industrie et de commerce. En parcourant plus tard les questions diverses traitées par la Société , nous verrons que cet esprit actif, ingénieux et ami du vrai, était sans cesse en quête de ce qui pouvait être utile. Et pourtant ce nom qu'on ne devrait prononcer qu'avec reconnaissance , loin d'être ici dans toutes les bouches, se trouve à peine catalogué dans quelques rares biographies.

La Société paraissait éteinte avec celui qui en avait été l'âme, lorsqu'en 1786 , l'abbé Cotte , prêtre de l'Oratoire , fut ramené de la cure de Montmorency dans sa ville natale. Dès 1774 , le Bureau s'était adjoint comme associé *ce savant et zélé patriote.* « Je suis très-sensible à l'honneur que me fait la Société, s'était » empressé de répondre le père Cotte. En partageant ses tra-» vaux , j'aurai le plaisir de penser à ma patrie que j'aime, de » m'occuper de mes compatriotes et de satisfaire mon goût » pour le genre d'études qui est de son ressort (1). » De cet espoir qui réjouissait son cœur, dix ans avaient fait une illusion. Au lieu d'actifs confrères , livrés comme lui à de laborieuses recherches , il ne trouva plus que les débris d'un corps décou-

_____

(1) Il offre en même temps au Bureau un des deux exemplaires qui lui restent de son traité de *météorologie.* Il le remet au *carrosse* de Laon qui partira le *lundi 19* et qui arrivera le *mercredi 21.*

ragé depuis la perte de son chef. Il s'affligea de l'inertie de la Société et résolut de lui rendre la confiance et la vie. Grâce à ses conseils et à ses efforts persévérants, le Bureau se réunit de nouveau ; il en fut nommé directeur et l'année suivante secrétaire perpétuel.

Occupé des sciences physiques, d'histoire naturelle, et principalement de météorologie, il donna à la Société une direction nouvelle, plus savante que celle qu'elle avait reçue de son prédécesseur ; mais il n'eut garde de négliger les questions agricoles, plus familières à ses collègues, et d'un intérêt mieux compris. Quittant lui-même les hautes spéculations, il sut traiter, en les redressant, les points les plus pratiques, tels que la mouture de la farine et la fabrication du pain ; et les programmes qu'il a tracés sur la culture de la vigne propre au pays laonnois, ainsi que les *questions sur l'agriculture en général,* la *topographie* et la *météorologie* de notre contrée, *proposées par la Société à ses associés et correspondants*, sont un modèle d'ordre et de clarté, et en même temps le guide le plus sûr que puissent suivre des hommes dont une science spéciale ne fait pas l'unique occupation.

L'année 1786, cependant, fut presque entièrement consacrée à la révision et au classement des travaux précédents. Ce n'était pas le compte du père Cotte, chez qui l'habitude du travail n'ôtait rien à la vivacité de l'imagination ; il fallait agir et créer. Pour stimuler le zèle, il proposa, au commencement de 1787, en cessant ses fonctions de directeur, un nouveau règlement qui exigeait, sous des peines disciplinaires, la présence assidue de tous les membres. Ce fut toute une révolution. La plupart des anciens membres protestèrent.

« Le règlement est d'une nécessité indispensable, disaient
» les plus sages. Après dix-huit ans de la plus utile activité,
» le Bureau était tombé dans l'inertie la plus honteuse. Au
» commencement de l'année dernière, il se ranime, se forme,
» se complète et reprend une nouvelle vie. Il propose de s'oc-
» cuper des moyens de multiplier les plantations, de dessécher
» les marais, et d'améliorer toutes les parties de l'agriculture,

» en appropriant les meilleures méthodes à la situation parti-
» culière de chaque canton de son district.

» Tel est l'esprit qui, après avoir revivifié le Bureau, le sou-
» tient, l'anime et le fortifie. Mais, si malheureusement cet
» esprit n'influe pas sur tous les membres; si plusieurs d'entre
» eux n'assistent jamais ou que très-rarement aux séances qui
» se tiennent régulièrement ; s'il résulte de cette oisiveté chez
» les uns une surcharge pour les autres, n'est-il pas à craindre
» que les forces mêmes de ces derniers ne s'épuisent, et que
» le corps entier ne retombe bientôt dans l'état de langueur et
» de nullité d'où il a eu tant de peine à se tirer ? » (*Mémoire*
» *adressé à l'intendant*).

A ce langage plein de sens et de modération, les opposants
répondirent par l'envoi de leur démission.

« Le Bureau, dit l'un, voudra bien me donner un successeur
» qui applaudisse *aux jeunes réglements, lesquels, si je ne me*
» *trompe, auront besoin de la maturité de l'âge.* »

« Comme l'amour de la liberté croît en proportion de l'âge,
» dit un autre, il n'est pas étonnant qu'à cinquante ans passés,
» il ne me prenne pas la *phantaisie* de me remettre sous
» la férule. »

C'était, comme on le voit, la lutte ordinaire de la routine
contre le progrès, du passé contre le présent.

La résistance qui blessa le plus le Bureau, ce fut celle qu'il
avait dû le moins prévoir. Le secrétaire perpétuel refusa de
signer le règlement ; il avait cependant au P. Cotte une obligation toute personnelle. En février 1786, M. Valioud, âgé de 70
ans, ne pouvait plus, à cause de ses infirmités, exercer ses fonctions avec l'activité nécessaire ; le P. Cotte consentit à les partager, avec le titre de secrétaire-adjoint et survivancier. *Mais
M. Valioud* avait demandé un copiste qui fût chargé des écritures ; et ce même M. L'Eleu de Serveney, que tout-à-l'heure
nous avons vu si fortement prévenu contre les Sociétés d'agriculture, en général, et particulièrement contre leurs secrétaires,
s'était alors montré d'une extrême bienveillance. « M. Valioud,
» avait-il écrit à l'intendant, est dans la plus grande détresse,

» et sans les gratifications que vous avez la bonté de lui faire
» toucher de temps en temps, il manquerait souvent des objets
» de première nécessité. Sa situation est telle qu'il n'est guère
» possible de prendre sur son traitement les frais de la mise
» au net des rapports et des délibérations. »

C'était de l'intendant que devait venir, cette fois, la sévérité. M. de Blossac avait répondu qu'il laisserait 200 livres au secrétaire et que le surplus, auquel il ajouterait 50 livres, servirait à payer les frais d'un copiste.

Désolé de cette décision, M. Valioud avait supplié qu'on laissât les choses dans leur premier état : il avait donc continué de recevoir le traitement de la place, et le père Cotte d'en remplir les devoirs.

C'est là peut-être un détail de vie intime d'un bien médiocre intérêt ; mais nous y avons cru voir, à côté de la faiblesse d'un vieillard entraîné par l'exemple, un trait honorable pour le caractère du bon oratorien ; c'était un de ces savants, selon le cœur de Labruyère, prêts à tout quitter pour rendre un bon office.

Plaintes, réclamations, démissions, tout du reste fut inutile. L'intendant approuva le nouveau règlement, applaudit au zèle du Bureau régénéré ; d'autres membres furent élus et la Société marcha d'un pas allègre et résolu, comme en possession désormais de l'avenir.

Le moment lui était favorable. Les esprits étaient excités, et tout servait de prétexte et d'aliment à cette vague inquiétude, à ce besoin de plus en plus vif de quelque chose de nouveau. L'attention s'était reportée vers la Société d'agriculture, moins pour ce qu'on attendait de ses lumières, que par l'attrait qu'ins- pirait alors toute assemblée. On y parlait, et la parole, souvent organe involontaire des préoccupations communes, laissait espérer quelque chose d'imprévu.

Les associés acceptaient leur titre, les grands personnages avec une dignité bienveillante, les simples particuliers avec une joie trop souvent pleine d'emphase : c'était pour ceux-ci un moyen de se mettre en évidence, et ils sentaient, sans peut-être sans rendre compte, qu'avant peu, avoir été vu, avoir parlé en public, procurerait honneur et profit.

« Je suis très-sensible, écrit au directeur Mgr l'évêque duc de
» Laon, à l'honneur que la Société d'agriculture veut bien me
» faire, et je serai très-charmé de voir mon nom inscrit sur sa
» liste. Je ne peux pas me flatter d'y porter de grandes lumiè-
» res; mais elle doit en attendre beaucoup de vous, et je serai
» témoin, avec un véritable intérêt, des progrès d'un art aussi
» utile dans un pays qui m'intéresse à tant de titres. » (1786.)

« Je ne puis, dit l'abbé de Prémontré, qu'être infiniment flatté
» de l'honneur que me fait la Société d'agriculture, en me pro-
» posant une place parmi ses membres. Elle peut être assurée
» que je recevrai avec une reconnaissance infinie, et comme
» je le dois, cette marque d'estime de sa part. » (Id.)

« Les embarras de notre chapitre, dit à son tour l'abbé de
» Bucilly, avec une simplicité charmante et une grâce toute
» fénelonienne, m'ont privé de répondre plus tôt aux offres
» honnêtes que m'a faites le Bureau d'agriculture ; je croirais
» vous manquer et à toute la compagnie, si je ne vous préve-
» nais point au préalable de ma parfaite ignorance sur cette
» matière. J'ai passé ma jeunesse dans notre maison de Paris
» où nous n'avions ni prés, ni champs, et conséquemment je
» n'ai jamais été dans le cas de faire aucune observation sur la
» culture des terres, et il est un peu tard pour commencer.
» Mon nom ne peut donc que grossir infructueusement la liste
» de Messieurs vos associés, et ne peut contribuer en rien à
» leur gloire. Si, d'après ces observations, on persiste à vouloir
» m'associer à vos lumières, je tâcherai d'en profiter et de
» témoigner en tous temps à la compagnie les sentiments d'une
» parfaite reconnaissance. » (Id.)

M. Dubuf, de Vervins, après en avoir reçu l'agrément, avait présenté M. le marquis de Coigny, mestre-de-camp général des dragons.

Celui-ci avait écrit fort laconiquement, le 27 juin, que ce n'était pas lui qui avait accepté le titre d'associé, mais que c'était probablement son père.

Le 10 juillet, il se ravise : « Je me suis trompé , dit-il, lors-
» que je vous ai mandé que c'était mon père qui avait vraisem-
» blablement accepté une place d'associé dans la Société d'agri-
» culture de Laon. Je me ressouviens fort bien que c'était effec-
» tivement moi-même , et je me rappelle avec plaisir que j'en
» ai été très-flatté et que je l'avais accepté avec reconnaissance.
» Des affaires qui m'occupaient alors me l'avaient fait ou-
» blier. » *(Id.)*

Le Bureau se contenta de l'excuse , se rappelant fort bien
aussi de son côté que ce n'était qu'un grand nom de plus qu'il
avait voulu mettre sur sa liste.

Nous retrouvons encore ici un de ces hommes rares qui sa-
vent unir la grâce à l'érudition, et qu'un de vous, Messieurs,
esprit de la même famille , a fait aimer de ceux mêmes qui ne
l'ont pas connu.

« Je reçois avec la plus vive reconnaissance, dit M. de Théis,
» l'honneur que me fait votre compagnie en daignant m'asso-
« cier à ses travaux. Pénétré de cette faveur, je mettrai tous
» mes soins à m'en rendre digne. Mes études, qui auparavant
» manquaient d'objet et par conséquent d'énergie, vont en ac-
» quérir une nouvelle. Elles auront un but ; elles seront meil-
» leures. »

Comme pour faire contraste, un personnage plus austère,
dont un autre de nos honorables collègues nous a également
donné l'esquisse biographique, M. Lobjoy, répond avec une
teinte d'humorisme qui nous semble ne pas manquer d'origi-
nalité ; et, à ce titre, nous vous demandons permission de citer
le passage le plus saillant de sa lettre :

« Colligis, 5 mai 1786.

« . . . . Je n'ai jamais interrogé la nature que
» sur les portions de son histoire qui pouvaient m'aider à
» juger de la valeur ou, si vous voulez, de la nullité de celle
» que les hommes ont substitué aux anciens événements de
» leur planète. Cet objet, relatif à des époques lointaines qui
» ne peuvent plus intéresser que ceux qui respectent et qui
» veulent perfectionner leur raison, ne répond pas bien direc-

» tement aux intentions d'une Société dont le but est d'éclairer
» ses compatriotes sur les moyens actuels d'assurer et de mul-
» tiplier les découvertes, les richesses et les jouissances qui
» font la base du bonheur public. D'ailleurs, quand mes re-
» cherches sur la nature primordiale m'eussent laissé la liberté
» de suivre quelques-uns des phénomènes qui s'opèrent tous
» les jours dans l'économie de la période et du pays où nous
» vivons, de quel secours pourrais-je être à la compagnie
» dans un vallon très-circonscrit où, depuis des siècles, l'uni-
» formité des productions, a conduit, comme par la main et
» sans qu'ils s'en doutassent, *les animaux à face humaine*, aux
» meilleurs procédés de culture qu'ils pussent adopter? Je
» compare *nos bipèdes* aux castors, et mon expérience me fait
» présumer qu'à la longue on fait bien les choses qu'on a tou-
» jours faites, surtout quand l'industrie n'est point partagée.
» En tous cas, nos vignerons, nos laboureurs sont des adeptes
» tout autrement instruits de l'ordonnance rurale actuelle
» qu'un être contemplatif et sauvage qui passe sa vie dans les
» déserts de l'antiquité.

» Cependant, loin de moi tout système d'insouciance pour
» mes contemporains! J'applaudis aux efforts des hommes qui
» s'ingénient à les rendre plus heureux. Le bien qu'on se pro-
» pose rayonne à mon imagination; celui que l'on fait ne laisse
» jamais mon cœur à froid, et s'il s'offre des occasions où je
» puisse seconder les vues de la Société, sans trop me distraire
» du bonheur que me fait goûter dans ma chère solitude une
» femme mille fois plus chère encore, vous me les verrez sai-
» sir avec d'autant plus d'enthousiasme et de plaisir que vous
» serez toujours l'organe par lequel je veux manifester à mes
» maîtres les inspirations qu'ils m'auront suggérées. »

M. Cretté de Palluel, qui avait obtenu le prix proposé au
meilleur mémoire sur le desséchement des marais, et qui venait d'être nommé associé, assure que, « cet honneur lui est
» infiniment plus agréable que la *somme pécuniaire* de tous les
» prix. » Puis il ajoute, en bon mari :

« Je joins à ma lettre un mémoire de *mon épouse* qui, à la

» vérité, n'est pas neuf..., mais qui pourrait être de quelque
» utilité aux femmes qui se mêlent du détail de la vacherie,
» chez vous comme ici. » (1787.)

En parlant d'un de ses mémoires qui avait été accueilli avec
faveur : « L'espoir d'une vaine gloire, dit M. de Beffroy, ne
» m'a pas séduit ; j'ai désiré être utile. J'aurais manqué mon
» but sans l'appui de M. l'intendant. J'attendais que la Société
» eût jugé mon travail digne, par son objet, d'intéresser *une*
» *administration qui veut le bien.* » *(Idem.)*

A la suite d'un même succès, il dit encore : « Les témoi-
» gnages flatteurs dont la Société veut bien m'honorer, m'en-
» courageront à m'en rendre digne. Je sens parfaitement son
» objet : c'est un bouton d'espérance qu'elle échauffe pour
» l'exciter à donner des fruits. Puissé-je un jour remplir son
» attente ! » (1789.)

Si les mémoires de la Société n'avaient pas, comme c'est
assez l'ordinaire, une célébrité qui dépassât de beaucoup son
enceinte, il n'en était pas de même des ouvrages de son secrétaire ; on en parlait à la cour, où les belles dames raffolaient
de botanique. L'abbé Chalenton, qui était en correspondance
avec lui, montrait ses lettres et s'en faisait honneur. Le père
Cotte, dont l'écriture ordinaire était indéchiffrable, s'était vu,
en 1789, privé de l'usage de sa main droite. Mais, goutte ou
rhumatisme, ce n'était que bagatelle pour l'intrépide savant.
Sa plume avait simplement changé de main, et ne s'en trouvait
pas plus mal, au contraire. « J'oubliais, lui écrit à ce sujet
» l'abbé Chalenton, de vous faire compliment sur votre nou-
» velle manière d'écrire. On admire beaucoup ici, je ne dirai
» pas votre *dextérité*, mais votre patience et votre adresse.
» *Mgr le comte d'Artois* dit qu'il vous avait l'obligation de con-
» naître en France une écriture encore plus mauvaise que la
» sienne, et se plaint que votre main gauche lui ait ôté cet
» avantage. »

Enfin, pour terminer nos *testimonia*, Jean de Bry, de Vervins, avocat, sollicite l'honneur de lire, dans la prochaine
séance publique, un morceau qu'il adresse au secrétaire ; c'était

un discours sur l'agriculture. « Puissiez-vous, dit-il, le voir
» avec indulgence ! Quand la nature sera un peu revivifiée, si
» je parviens à faire quelques observations qui puissent méri-
» ter l'attention de la Société, je me ferai un plaisir de vous
» les transmettre. »

A ces accents d'élogieuse sympathie, nous ne trouvons
qu'une seule opposition. L'intendant, M. de Blossac, écrit
(14 août 1786) au secrétaire : « Je me propose de rester peu à
» Laon. La Société m'obligera beaucoup *de réduire sa séance*
» *aux seuls objets indispensables.* » M. de Blossac prévoyait sans
doute les digressions à la mode, et il avait le bon esprit de ne
les pas aimer.

Si nous avons multiplié ces citations, c'est qu'elles semblent
peindre l'époque. Il y a loin de là au style simple et parfois né-
gligé des premiers travaux du bureau. On s'échauffe un peu à
froid, on a contracté dans le monde et dans la lecture des auteurs du jour des habitudes d'emphase et une affectation de
sensibilité ; et, comme rien n'est plus contagieux et plus mal-
faisant que le style faux et la déclamation, le moment appro-
chait où la France allait perdre jusqu'au sentiment du bien, en
s'enivrant de ce détestable langage.

L'attention publique, cependant, se refroidissait peu à peu ;
c'est que, dans le court espace de moins de trois ans, la France,
entraînée de la théorie à l'action politique, était devenue un
vaste champ d'élections. Assemblées des notables, assemblées
provinciales, états généraux enfin, c'était une lutte incessante
où tous prenaient part avec des intentions plus ou moins pures,
car chacun y apportait ses passions ou ses intérêts. Auprès de
ce drame saisissant et réel, qu'étaient-ce au-dehors, et pour
les membres mêmes de la Société, que des questions sur le
rendement du blé ou l'amélioration de la vigne ? En vain, le
bureau convoque-t-il aux assemblées publiques ; en vain fait-il
briller ses prix et élève-t-il la voix pour saluer *l'ère nouvelle*,
et célébrer *le patriotisme* des *citoyens laboureurs ;* malgré son
énergie et son bon vouloir, il se sent impuissant, quoiqu'il ne
se l'avoue pas encore. « Non, Messieurs, s'écrie, dans la séance

» de 1789, l'abbé Godart, directeur, non ; nous en avons pour
» garant l'esprit et le zèle qui vous animent ; ni l'engourdisse-
» ment qui règne déjà depuis quelque temps dans les diffé-
» rentes parties de l'administration, ni l'ébranlement général
» qui s'y fait sentir, ni le désordre et la confusion qui tendent
» à s'introduire partout, ne pourront interrompre vos travaux,
» ni même ralentir votre activité. »

Protester ainsi, c'était se reconnaître vaincu ; et, quatre mois après, lorsque ce même directeur, le 8 janvier 1790, devant des siéges presque tous vides, demande qu'on élise celui qui le doit remplacer, ses paroles sont empreintes d'une profonde tristesse. Il tâche bien encore de faire appel au courage commun ; mais ce n'est pas avec l'accent qui le réveille : « On ne
» peut se le dissimuler, dit-il, les temps sont orageux, et per-
» sonne n'ignore que l'étude et la science ont besoin du calme
» et de la tranquillité. »

De ce moment, toute trace du bureau de Laon disparaît. Mais sa mort du moins ne fut pas un suicide, et ce ne lui est pas peu d'honneur de n'avoir succombé que dans la ruine générale.

Bureau de Soissons.

Si, dans nos recherches sur la Société d'agriculture de la généralité de Soissons, nous n'avons pas mis en première ligne le bureau du chef-lieu, c'est qu'il ne reste sur les travaux de ce bureau que des renseignements épars et incomplets. A l'aide cependant de quelques fragments de délibérations, de lettres et de discours, nous sommes parvenus à nous faire une idée assez exacte de l'esprit qui paraît y avoir dominé, et cette étude ne nous semble pas tout-à-fait étrangère à l'histoire de la province pendant la seconde moitié du dernier siècle.

L'arrêt du conseil du 7 septembre 1761, avait nommé les premiers membres du bureau de Soissons. C'étaient :

MM. 1. Adam, élu en l'élection.

2. Bocquet (le père), prêtre de l'Oratoire.

3. Brayer-Pinton, échevin et ancien négociant.

4. Breton, abbé, chanoine régulier de l'abbaye de Saint-Jean-des-Vignes.

5. Calais, assesseur criminel.

6. Chaperon, avocat.

7. Charpentier, l'aîné, avocat.

8. Chollet, lieutenant de police.

9. Daveroult.

10. Ganneau, abbé, chanoine de la cathédrale.

11. Godart de Rivocet, avocat.

12. Hardy, secrétaire de l'intendance.

13. Labouret, président au présidial.

14. Lebeuf, ancien avocat du roi au bureau des finances.

15. Lebeuf, ancien échevin.

16. Lebrasseur, bourgeois, ancien fermier.

17. Leduc, ancien trésorier de France.

18. Mennesson, avocat.

19. Petit, procureur du roi et de la police.

20. Petit, docteur en médecine.

L'office de secrétaire perpétuel fut conféré à M. Daveroult.

Dans les premiers moments, les deux bureaux, animés des mêmes intentions, marchant vers le même but, *entretinrent la plus harmonieuse et la plus suivie correspondance*. Les poëtes du lieu chantaient à l'envi cette heureuse union et les merveilleux perfectionnements qu'en allait recevoir l'agriculture,

« Qui du bonheur de tous est la source féconde. »

Une épître du P. Combe, de l'Oratoire, professeur de rhétorique au collége de Soissons, avait célébré l'ère nouvelle, *Saturnia regna;* et dans les deux assemblées, d'unanimes applaudissements en avaient accueilli la lecture.

Mais cette entente cordiale devait avoir le sort de tant d'autres; des froissements d'amour propre ne tardèrent pas à l'altérer. Dès l'année 1762, le gouvernement agitant la question de la liberté du commerce des grains, le contrôleur-général avait consulté les sociétés d'agriculture. Le Bureau de Soissons négligea de transmettre cette lettre à celui de **Laon**, et s'empressa de donner son avis. Blessé d'un procédé si peu conforme à l'esprit du règlement, celui-ci se plaignit avec amertume, et soutint qu'*une opinion solitaire ne pouvait constituer celle de la Société, attendu que les deux Bureaux ne formaient qu'un seul et même corps.* (Séance du 4 mai).

Des retards dans l'envoi des communications convenues, excitèrent de nouvelles plaintes. Enfin, en 1765, une rupture sérieuse fut sur le point d'éclater. Le Bureau de Laon avait favorablement accueilli un mémoire d'un M. Dupont sur la grande et la petite culture, et l'avait envoyé à Soissons, en demandant qu'il fût imprimé au nom de la Société. Le Bureau de Soissons, non-seulement refusa l'impression du mémoire, mais le réfuta dans une brochure intitulée : *Examen du système de M. Dupont.* Tout cela s'était fait à l'insu du bureau de Laon, qui fut moins sensible peut-être aux airs de supériorité que se donnait une compagnie de tout point son égale, qu'à l'expression de *système* appliquée à des principes dont il s'était fait solidaire. Aussi déclara-t-il qu'il adhérait en tout aux opinions de l'auteur, qu'elles étaient les seules vraies, les seules que justifiât l'expérience. Quant au refus d'impression, il exprima le regret de n'en avoir pas été fraternellement informé, convaincu que de satisfaisantes explications l'auraient pu prévenir, ou que du moins il eût été tout autrement ménagé qu'on ne l'avait fait. Des félicitations furent en outre adressées à l'auteur, comme une protestation contre un arrêt doublement injuste au fond et blessant dans la forme. (Séance du 13 août).

Les rapports des deux bureaux devinrent de jour en jour plus froids et plus rares; chacun d'eux se considéra comme indépendant, et ne songea qu'à étendre son influence. L'avantage, à ce qu'il parait, ne fut pas d'abord du côté de Soissons.

Les conditions, il le faut reconnaître, n'étaient pas égales. A Laon, loin des yeux du maître, on suivait librement la marche qui paraissait la plus digne et la meilleure. A Soissons, tout était réglé, contrôlé par l'intendant de la province; là point de discussions sans témoin, point d'écart possible. Cette sujétion continuelle irritait profondément une compagnie qui aurait voulu vivre sans tuteur, et même, par une sorte de parodie anticipée d'un mot plus tard si célèbre, elle avait osé prétendre que *son devoir était de fermer la porte à l'esprit de domination, qui chassait les hommes libres.*

Ces fières paroles, du reste, s'adressaient, comme c'est l'ordinaire, au plus bienveillant des administrateurs. M. de Méliand voulait seulement (et pour lui c'était bien un devoir) qu'on ne s'écartât pas des limites tracées par l'arrêt constitutif des sociétés d'agriculture.

Quoi qu'il en soit, gêne véritable ou mauvaise grâce, le Bureau produisait peu et surtout ne découvrait rien. Son inertie frappa bientôt les cultivateurs qui le baptisèrent du nom de *Société agonisante.* Cette sanglante épithète contribua beaucoup à augmenter le découragement.

Le P. Boquet, professeur de philosophie au collége de Soissons, fut le seul qui sut y résister. Il continua de s'occuper sans relâche et avec succès, de l'éducation des abeilles. Comme ces insectes patients, il travaillait au profit de tous avec une entière abnégation.

Son zèle ne put cependant éveiller l'attention publique. Le Bureau de Laon lui opposait un émule plus populaire dans Ducarne de Blangy, et Gouge, par ses expériences sur les terres pyriteuses, attirait tous les regards. Le Bureau de Soissons l'en complimentait comme tout le monde, mais dans ses hommages perçait une pointe de jalousie. Il voulait avoir aussi sa ferme de Brunehault pour y reprendre les études déjà exécutées ou en faire de nouvelles. M. de Méliand, dans l'intention de lui complaire, fit transporter tout exprès à Soissons une voiture de cendres noires. Cette condescendance parut mesquine et ne satisfit personne. « En vérité, écrit à ce sujet M. de Méliand,
» on est jaloux de tout; on est jaloux de son ombre, de son
» protecteur, du commissaire du roi, qui a fort bien senti,
» sans le dire, tous les manques de politesse, et même quel-
« ques impolitesses qu'il a reçues du Bureau. »

« Tout le monde, dit-il ailleurs, me parle du bonheur qu'a

» ma province de me voir consacrer tant d'efforts à l'établisse-
» ment de la société d'agriculture; et à Soissons, au contraire,
» on voit tous mes soins par la lunette de la jalousie. »

L'intendant, malgré tout, cherchait à se concilier les membres d'une institution qu'il avait intérêt à conserver. L'inaction
du Bureau lui pouvait être imputée par le contrôleur-général,
et il voulait en même temps éviter les railleries des cultivateurs.
Pour atteindre à ce double but il y avait un moyen facile, il
l'employa. Depuis l'année 1753, plusieurs habitants de Soissons
et des environs s'étaient procuré des vers à soie, et en avaient
obtenu des produits d'un débit avantageux et prompt. M. de Méliand, qui mieux que tout autre connaissait ces résultats, résolut de les faire servir à ses desseins. Il engagea le Bureau à décerner des prix aux vignerons et manouvriers qui se livreraient
avec le plus de succès à la culture du mûrier blanc. Puis il
donna cent livres de sa bourse pour en assurer les premiers
fonds. Le Bureau saisit avec empressement cette occasion de
relever son importance, et chaque membre déposa dix livres.
(29 décembre 1764). On réunit ainsi de quoi acheter cinq médailles en argent doré que le Bureau devait décerner lui-
même.

Cette heureuse pensée et la perspective d'une production
nouvelle charmèrent les Soissonnais. M. de Méliand remit au
Bureau de la graine de mûrier blanc achetée à ses frais. Celui-
ci fit aussitôt annoncer dans les villages voisins que « les prix
» seraient accordés à ceux qui, avec une once de graine, ob-
» tiendraient le plus grand nombre d'élèves, et que *l'inten-
» dant pourrait diminuer leurs impositions.* »

Excité par cet appât, on vint en foule faire son approvisionnement et se munir des instructions nécessaires. L'année suivante le Bureau distingua entre tous pour les succès qu'ils
avaient obtenus :

« Lejeune, de Chevreux.

« Charles Leroux et François Brouart, de Villeneuve-Saint-
Germain

« Nicolas Lebègue, de Pommiers.

« Nicolas Macadré, de Leury. » (14 décembre 1765).

Pour donner à la cérémonie un caractère plus imposant, il fut décidé que la distribution des prix se ferait à l'hôtel de ville.

Dans ce même moment, M. Le Peletier-de-Mortefontaine, succédait à M. de Méliand. On fit grand accueil au nouvel intendant, fervent économiste, et ce fut sous sa présidence que les prix furent remis aux cinq lauréats, le 15 février 1766. En leur donnant leurs médailles, le directeur eut soin de les prévenir « qu'ils la devaient porter pendant un an, et que, » s'ils venaient à la vendre avant l'année révolue, ils seraient » exclus d'un autre concours. »

Outre la médaille, on donna dix-huit livres à Charles Leroux, douze à François Brouart, Lebègue et Nicolas Macadré, tandis que Lejeune, qui avait le mieux réussi, ne fut jugé digne d'aucune gratification. Il était jardinier, et l'on avait pensé qu'en raison de ses connaissances pratiques, il avait eu moins de mérite à surpasser ses rivaux. En logique, c'était peut-être vrai; mais rien de plus faux dans l'intérêt de la culture qu'on voulait introduire.

La séance fut précédée d'un discours dans lequel l'abbé Breton, secrétaire, passa en revue tous les travaux du Bureau depuis son établissement. Ils étaient peu nombreux, et sa tâche fut bientôt terminée. Il signala seulement un excellent mémoire de M. Charpentier, l'aîné, avocat, sur *l'instabilité des baux faits par les bénéficiers*, et un autre de M. Tribert *sur les échanges*.

Cette solennité ranima l'ardeur du Bureau; il fit imprimer à deux cents exemplaires le programme des prix qu'il devait décerner en 1766, et dans le cours de cette même année, il s'occupa avec passion de la culture de *la garance* qu'il espérait acclimater dans le pays.

En 1770 (3 décembre), M. Tribert envoya encore trois importants mémoires sur les *secours que se prêtent mutuellement l'agriculture et le commerce*, sur les *défrichements* et sur la *fabrication des meilleures étoffes*.

Le zèle cependant commençait à se refroidir et nous en
voyons la preuve dans une délibération du 18 novembre 1775.
« Un de Messieurs a représenté que quelques uns d'entre eux
» paraissent n'être guère exacts aux assemblées ; que la mul-
» titude de leurs affaires était à la vérité une raison suffisante
» pour les justifier ; que néanmoins il serait agréable pour
» chacun des membres de se réunir tous, autant que possible,
» afin de travailler avec plus d'ardeur et de concert ; qu'en
» conséquence il serait nécessaire de faire un règlement. »

Cette proposition fut loin de soulever l'indignation et la
résistance que nous avons vues à ce sujet éclater dans le bureau de Laon. On arrêta que chaque membre signerait le
registre ; que celui dont l'absence se serait prolongée jusqu'à
six mois, serait invité avec les instances les plus obligeantes
à devenir plus exact ; et que si, malgré cette invitation, son
absence durait toute l'année, il serait prévenu une dernière
fois, et qu'une absence nouvelle le rendrait démissionnaire.

On décida aussi qu'à la fin de chaque séance on fixerait le
jour de la prochaine réunion.

Rien de plus sage et de plus inoffensif que ce règlement
disciplinaire. Mais le calme est parfois un effet de la fatigue,
et peut-être ne montrait-on tant de tolérance que parce qu'on
était indifférent.

M. Le Peletier vint heureusement en aide au Bureau, en
lui communiquant ses principes et son activité. Il présidait
souvent les séances, et trouvait de faciles triomphes parmi
des hommes zélés pour le bien, mais trop disposés à le suivre dans les arides champs de la métaphysique, où il s'éga-
rait parfois. Ses discours, hérissés d'aphorismes empruntés
des philosophes, et tour à tour des physiocrates et des économistes, faisaient sourire le docte abbé de Saint-Léger (1).
Mais ils avaient leur bon côté : à force de parler des devoirs
de l'homme, l'administrateur s'était profondément pénétré

(1) Le Mercier et non pas Mercier, secrétaire du Bureau de 1772 à
1774.

des siens. Nous nous contenterons d'en rappeler un exemple
que nous avons déjà cité. Ce fut sur ses instances, appuyées
à Paris des démarches de Condorcet, qu'il fut établi, en faveur de la généralité, un cours gratuit d'accouchement, confié à M. Dufot, médecin pensionné du roi. Le Bureau, se faisant l'interprète de la reconnaissance publique, s'empressa
de le remercier *d'avoir mis un terme à l'ignorance de ces belles-
mères* (sages-femmes), *cause de malheurs quotidiens souvent
irréparables*, et se plut à constater que « en peu de temps les
» nouvelles prêtresses de Lucine avaient été assez instruites
» pour mener à bonne fin les accouchements les plus labo-
» rieux. (11 juin 1774).

Vers cette époque, le P. Boquet, qui longtemps avait seul
donné l'exemple d'une persévérante activité, se retira pour
aller habiter le prieuré de Saint-Paul-aux-Bois. Dufot le
remplaça, et la Société fut heureuse de s'adjoindre un savant
dont le nom figure honorablement dans l'histoire de la province, comme celui d'un ami de l'humanité. (16 avril 1774).

Le nouveau membre ne tarda pas à se mettre à l'œuvre.
L'année suivante, il fit adopter par la ville de Soissons une
machine inventée par M. Gardane pour secourir les noyés. Il
s'efforça ensuite de répandre les vérités utiles que contenait
la notice de Condorcet sur les marais du Soissonnais. Il dé-
montra la nécessité de les dessécher, ou du moins de les réduire, en rappelant les frappantes observations du jeune
secrétaire de l'académie des sciences. En effet, sous le rapport de la santé publique, la différence en faveur des lieux
secs était dans la proportion de 18 à 23 ; et l'expérience éta-
blissait que le voisinage des marais était encore plus nuisible
aux hommes qu'aux femmes, et cela dans la proportion de
16 à 19. (1er avril 1775).

Le Bureau suivit ce mouvement salutaire qui le portait aux
améliorations de toute nature. On le vit sérieusement occupé
de procurer à la ville de Soissons un éclairage qui pût prévenir les nombreux accidents qu'occasionnait dans les rues une
complète obscurité. Un de ses membres offrit spontanément

dix louis. (18 novembre 1775). Trois commissaires, MM. de la Tournelle, Sivert et l'abbé de Saint-Léger, furent chargés d'examiner *la meilleure voie à suivre pour parvenir à la plus grande perfection de l'illumination ; et d'aviser au moyen d'en faire les frais, et de pourvoir à l'emplacement et à l'entretien des réverbères.* Cent réverbères devaient suffire à la parfaite exécution de ce projet. Les commissaires fixèrent à 6,552 livres les frais de première acquisition, et à 5,466 ceux d'éclairage et d'entretien. L'intendant avait secondé le Bureau de tout son crédit, et leurs communs efforts amenèrent, en janvier 1776, le résultat désiré.

Cependant, l'ancien intendant de Limoges, Turgot, plus célèbre encore par les bienfaits de son administration que par ses nombreux écrits, remplissait, depuis le 26 août 1774, les difficiles fonctions de contrôleur-général. « *Point de banqueroute ; point d'augmentation d'impôts ; point d'emprunts,* » avait-il dit en entrant aux affaires, et la France avait salué avec un égal espoir la nomination du ministre et l'avènement du jeune monarque.

Le commerce des grains appela d'abord son attention.

En 1765, sur la demande du contrôleur-général, M. de Laverdi, l'exportation des grains avait été permise, toutes les fois que le prix n'excèderait pas un taux désigné. Cette mesure, prise dans l'intérêt de l'agriculture, dont elle semblait devoir étendre et favoriser la production, avait donné naissance au plus odieux abus. Tout le blé était enlevé de France et rentrait ensuite dans nos ports pour y être vendu, comme étranger, à des prix excessifs.

L'abbé Terray, en 1770, contraint par le cri public, avait supprimé l'exportation à l'étranger. L'infâme trafic qu'on attaquait cessant, le peuple s'était flatté de payer moins cher désormais le pain nécessaire à sa subsistance. Il n'en avait rien été. Les rigueurs de l'édit prohibitif étaient devenues de nouvelles entraves à la libre circulation dans l'intérieur. La spéculation avait seulement changé de manœuvre, favorisée, exercée même, disait-on, par ceux dont le premier devoir était de la punir ; et l'enchérissement progressif des blés, à côté de greniers qui regorgeaient, avait produit les effets d'une véritable famine. Aussi les accusations d'accaparement et de monopole s'étaient-elles traduites par une ironique et cruelle allusion à un traité tout récent, le pacte de famille.

L'édit du 14 septembre 1774 rétablit, non pas encore la liberté complète, mais la libre circulation des grains de province à province. Cet édit fut accueilli par les Economistes avec des transports de joie, et nous retrouvons dans la séance du 29 avril 1775, un écho de l'opinion des hommes éclairés.

« Enfin ! s'écrie M. de la Tournelle, le célèbre bibliographe, » nous commençons à jouir d'une liberté, seul germe de toute » émulation. La denrée réduite à son prix réel va devenir pour » le cultivateur une véritable propriété, qui, en circulant sans » gêne et à peu de frais, vaudra autant à son possesseur, et » coûtera moins au consommateur. . . . . »

L'effet cependant ne répondit pas à ces prévisions. La transition d'un régime de contrainte à un régime de liberté fut-elle trop brusque pour être bien comprise ? Le bas peuple des provinces d'où l'on tirait du blé pour le transporter dans d'autres qui en avaient besoin, craignit-il en effet de se voir affamer, car la récolte de l'année précédente avait été médiocre ; et les envieux de tout pouvoir, les vaincus du système opposé, profitèrent-ils de son ignorance pour grossir ses craintes, semer la haine et le pousser à la révolte ? Tout cela est possible et expliquerait naturellement les désordres qui éclatèrent presque immédiatement sur différents points de la France. Mais alors, à tort ou à raison, l'on n'en jugea pas ainsi : Turgot, bien qu'il n'eût en rien l'impatience d'un novateur, voulait fortement l'abolition des privilèges, et l'égale répartition de l'impôt. C'était le fonds de sa doctrine, et les classes privilégiées se montraient inquiètes et mécontentes. On crut à une conspiration de leur part contre le sage ministre, ami du peuple et de ses libertés ; on les accusa de soudoyer les bandes de vagabonds qui allaient jusque sous les fenêtres du palais de Versailles, tout ivres de vin et d'eau-de-vie, pousser les cris de la faim. « Ces bandes attaquaient

» les marchés qui alimentaient la capitale, pillaient des voitures
» et des bateaux de blé, jetaient les grains à la rivière, brû-
» laient des granges et détruisaient des moulins. Ce brigandage
» gratuit, que les plaisants de Paris appelèrent *la guerre des*
» *farines*, démentait le prétexte de la révolte et trahissait l'in-
» tention odieuse de ses auteurs. » (Charles Lacretelle. *Histoire*
de France pendant le 18ᵉ siècle. Livre 14ᵉ.)

Telle était la pensée générale et nous la voyons fortement
empreinte dans un discours de ce même M. de la Tournelle,
prononcé le 13 mai suivant.

« Les *Monopoleurs* nous ont entourés, et, ne pouvant plus
» employer la force, ils y ont substitué la ruse. Des émissaires
» ont été envoyés pour dire au peuple : « Sous prétexte de
» liberté, toute la denrée va être enlevée. Vous êtes condamnés
» à périr de misère. Vos ennemis sont les cultivateurs, les
» négociants. Pillez les magasins. Le souverain l'ordonne ; sa
» bonne foi a été surprise. »

» Aussi voyez ce qui se passe à Dijon. Un sieur Caret, meunier
» à Ouche, en dehors des limites de l'octroi, présente requête
» pour obtenir, au nom de la loi qui l'y autorise, la liberté de
» vendre son blé dans la ville. Ses prix étaient moins élevés
» que ceux de ses confrères. Une telle prétention eût lésé
» l'octroi et surtout les intérêts de tous ceux qui vivent aux
» dépens des autres. L'enquête reste sans réponse, et les ci-
» toyens continuent de payer leur pain plus cher qu'il ne vaut.
» Mais cette tentative d'un bon citoyen ne pouvait être impu-
» nie. On l'accuse d'avoir acheté des blés en vert, livrables à la
» Saint-Martin. Des blés en vert ! et c'était à Dijon, au mois de
» septembre qu'il passait le marché ! On l'accuse en outre de
» vendre des farines gâtées ; ses farines sont saisies ; l'Acadé-
» mie des sciences qui les examine déclare, il est vrai, qu'elles
» sont parfaitement saines ; mais il n'en est pas moins con-
» damné sur ce double chef. Le sieur Caret obtient cependant
» la révision de son procès et son innocence vient d'être hau-
» tement proclamée. Alors qu'a-t-on fait ? On a lancé la popu-
» lace sur son moulin, on y a tout brisé, saccagé. On en a

» fait autant chez le juge-rapporteur de l'affaire, et parmi les
» plus acharnés, se signalaient les laquais des receveurs des
» droits d'octroi et de minage.

» Vous représenterai-je une province où le pain a totale-
» ment manqué par l'incroyable cupidité des dames religieuses
» de Cussey en Bourbonnais? Douze religieuses qui composent
» cette communauté ne se trouvant pas assez riches avec
» 20,00 fr. de rente, se sont attribué sur les blés, vendus ou
» non vendus, un droit qu'elles ont fait percevoir, non seule-
» ment sur les marchés, mais dans les environs. Cette exac-
» tion ayant rencontré, comme de raison, des contradicteurs,
» ces dames ont envoyé le procureur de leur maison avec des
» valets de l'abbaye, pour prélever ce droit à main armée.
» C'est un fait constaté par les procès-verbaux les plus authen-
» tiques.

» A Méry-sur-Seine, les officiers publics sont actuellement
» en fuite et poursuivis criminellement, sur dépositions de
» témoins, comme coupables d'avoir engagé les femmes a
» ameuter le peuple.

» Voilà par quelles manœuvres on détruit la confiance, on
» arrête le commerce. On détourne les grains; le pain renché-
» rit, et l'on dit avec audace : la loi est mauvaise; voyez les
» troubles qu'elle occasionne. . . . .

» Quand il s'est trouvé des gens qui n'ont pu se prendre à
» ces odieuses machinations, on a cherché à les séduire par
» des raisonnements captieux. La preuve, a-t-on dit, que la
» liberté ne vaut rien, c'est que le blé est rare, et que le peuple
» crie. Le ministre a mal pris son temps : ce qu'il fallait, ce
» n'était pas une circulation sans frein qui affame; c'étaient
» des magasins au compte du roi où chaque province fût assu-
» rée de trouver sa subsistance. Et ceux-là ont cru qui avaient
» intérêt à croire.

» Plus de gens qu'on ne pense sont en effet, ou peuvent être
» les ennemis de la loi : ceux qui ont eu part au monopole
» des blés, les intéressés à l'ancien régime fiscal, les rece-
» veurs des droits sur les marchés, les mesureurs, les pos-

» sesseurs de moulins ou fours banaux, les communautés ju-
» randes de boulangers, tous les privilégiés exclusifs, qui,
» sans le paraître, font cause commune, tous ceux enfin qui,
» sous prétexte de veiller au bien public tirent un lucre du
» relief de leur emploi. Ajoutez-y encore ceux qui, sans y
» avoir un intérêt direct ou apparent, craignent qu'après avoir
» supprimé le monopole du blé, on ne jette aussi un coup
» d'œil trop clairvoyant sur ce qui les concerne...................

« Voilà les vrais coupables, et non pas un peuple paisible,
» malheureux, abandonné sans résistance, sans protection,
» aux perfides conseils des ennemis de l'État, par ceux-là
» mêmes qui le devraient éclairer, et dont le premier devoir
» est d'exécuter et de maintenir les lois. »

« Que pouvons-nous craindre en les démasquant? Nous
» avons pour nous les édits, la justice et le cœur de Louis
» seize. . . . .
» . . . . . On nous accuse d'esprit de système et de parti.
» Oui, nous soutenons un système, celui du bien-être de tou-
» tes les classes de citoyens, de la prospérité publique par la
» liberté du commerce et de toutes les productions du sol
» national. Mais est-on homme de parti pour faire entendre
» la voix de la vérité, de la bienfaisance et de l'humanité, con-
» tre le mensonge, l'injustice, le désordre, la cabale, les
» exactions et les rapines ?

. . . . . . « Nous avons tous ici la même façon de penser.
» Nous savons tous qu'un magistrat, un citoyen peut être
» utile, et qu'il ne perd rien de son lustre, parce que la
» loi de la liberté lui *raccourcit* les moyens de se donner de
» l'importance. Nous savons que le pain sera toujours meilleur
» marché partout où il n'y aura ni magistrat qui s'en mêle,
» ni droits sur les halles, ni boulangers privilégiés, ni taxe,
» ni règlements, ni moulins banaux, ni magasins pour le roi,
» ni pourvoyeurs publics. »

La citation est un peu longue, mais notre excuse est l'idée
qu'elle donne des opinions et du langage applaudis, quatorze
ans avant les états-généraux, au sein d'une société savante,

et par des hommes que leur âge, leur fortune et la nature de leurs fonctions doivent faire ranger parmi ce qu'on appellerait aujourd'hui les *conservateurs*. Quoi qu'en dise l'orateur, la langue qu'il parle est bien celle des partis : la populace effrénée qui, sans même l'excuse du besoin, trouble la paix publique, c'est un peuple paisible séduit par la cupidité d'autrui ; les coupables, ce sont ceux qui désapprouvent ou peuvent désapprouver la loi (déjà la catégorie des suspects !) ce sont les monopoleurs, un de ces mots incompris dont le vague ne désigne personne et menace tout le monde. On se fait fort d'arracher les masques, mais on aurait grand peine à montrer des visages. La liberté ne suffit plus, il faut l'anarchie. Point de police, point de règlements, et le pain sera à bon marché ! Belle théorie, à laquelle le maximum et la disette se chargeront de répondre.

Ces discours produisaient sur les membres du bureau d'autant plus d'effet qu'ils avaient du retentissement au-dehors ; et plus d'un, brodant sur le même texte, la misère et les vertus du peuple, s'efforça de dépasser M. de la Tournelle et de le vaincre sur le terrain même qu'il s'était choisi.

L'abbé Lescot, curé de Crouy, l'un des associés, démontrait que *la dépravation des mœurs naît de la misère, et que celle-ci à son tour enfante la dépravation.* Pour arrêter dans sa marche ce double fléau, il ne voyait d'autre moyen que de *pensionner chaque village en proportion du nombre de ses pauvres, et affermer à chaque journalier un lot de terre qu'il pût cultiver à la bêche.* La répartition se serait faite par tous les habitants assemblés, sous les yeux du curé et des notables. Ne trouverait-on pas là en germe le fameux axiome *à chacun selon ses besoins, et le droit au travail !* ce curieux mémoire parut *rempli de choses patriotiques et pastorales ;* mais le Bureau ne crut pas devoir y donner suite.

Le judicieux abbé de Saint-Léger considérait les choses sous un autre point de vue. S'attaquant à la pauvreté factice ou volontaire, il voulait interdire les courses des mendiants valides, *véritables filous qui allaient chez les fermiers manger et gaspiller le pain de la charité.* Il ne se contentait pas de mettre dans toute son évidence cette plaie hideuse de la mendicité nomade, il proposait des moyens de la guérir ou du moins d'en restreindre les progrès. Quels étaient ces moyens que lui avaient suggérés sa haute raison et son expérience, le procès-verbal ne le dit pas. On voit seulement que le mémoire fut adressé au contrôleur-général avec prière de le prendre en considération.

Un des membres appuya avec chaleur le projet de l'abbé de Saint-Léger, et les circonstances qu'il fit connaître jettent un assez grand jour sur les véritables artisans des derniers troubles qui, sous prétexte de la cherté du pain, venaient d'effrayer tout le pays. Ces vagabonds, c'était l'armée permanente du désordre.

« Ils quittent, dit-il, leurs domiciles, et s'en éloignent pen-
» dant plusieurs jours de la semaine pour aller faire leur ronde
» de mendicité; puis, ils vont vendre dans d'autres villages le
» trop de pain qu'ils ont extorqué. Ils ont entre eux une con-
» vention et une correspondance qui leur donnent une force
» redoutable. Ils taxent en quelque façon le cultivateur à tant
» de pauvres par semaine, suivant la valeur de son exploita-
» tion. De sorte qu'un fermier ayant trois charrues est à peu
» près dans l'obligation de distribuer, pour sa part, trois se-
» tiers de blé en pain par semaine. Cette dépense fait un objet
» de six muids de blé par an, évalués cette année à 1,200 livres,
» environ le tiers de ce que le fermier rend au propriétaire;
» sans compter encore ce qu'il en coûte à ceux qu'ils ont choi-
» sis pour y passer les nuits, et chez lesquels il s'en trouve
» tous les jours quinze, vingt, trente, et quelquefois plus. »

Pendant que d'autres dissertaient sur les misères du peuple, le curé de Pavant, l'abbé Delahaye, associé du Bureau, parta-geait son pain avec les pauvres de sa paroisse et s'associait à toutes leurs souffrances. Louis XVI, informé de cette charité active et muette, qui était si bien selon son cœur, lui accorda une pension. L'abbé Delahaye ne l'accepta que pour les mal-heureux ; c'était sa famille, disait-il ; mais cette nouvelle ressource leur manqua bientôt. Le vénérable pasteur mourut l'année suivante.

Au commencement de 1776, le Roi, préludant avec mesure aux réformes méditées par son ministre, avait rendu six édits d'un grand intérêt. L'un supprimait les corvées et y substituait une contribution également répartie entre tous les ordres; l'autre abolissait les jurandes et les maîtrises; les quatre suivants n'étaient que le développement et l'application des deux premiers. De ces édits, le Parlement n'en voulut enregistrer qu'un seul : toucher aux priviléges, c'était menacer l'ensemble du vieil édifice où le temps et l'esprit de corps lui avaient fait une si belle place. Le Roi fut obligé de tenir un lit de justice que l'opinion publique salua du nom de *Lit de bienfaisance*. (Mars.)

Cette résistance n'était guère de saison; car les édits étaient accueillis avec enthousiasme.

« La suppression des corvées, s'écrie l'organe ordinaire du
» Bureau, M. de la Tournelle, délivre *nos frères* du fardeau le
» plus accablant et le plus honteux........ Ce ne sera jamais
» la modique somme qu'il peut nous en coûter de plus, qui
» nous empêchera de bénir la main qui nous gouverne. Notre
» reconnaissance doit être d'autant plus agréable à l'auteur de
» la loi, que tous tant que nous sommes, nous avons nos for-
» tunes en biens fonds et n'allons point à la corvée. Et cepen-
» dant nous ne cesserons de souhaiter de toutes nos forces
» l'application continue, ou plutôt l'immortalité d'une loi si
» juste et si humaine. » (Mars.)

Paroles pleines de conviction. Chez l'orateur comme chez tous ses confrères, la conscience faisait taire l'intérêt. Ils n'avaient pas oublié que de pauvres paysans avaient été contraints d'aller à huit lieues de leurs villages travailler à la route de Soissons à Reims, et qu'on les y avait retenus pendant quarante jours consécutifs. On les préférait à ceux qui se trouvaient à proximité des travaux, parce qu'ils ne quittaient point l'atelier, ne pouvant retourner chez eux, comme faisaient les gens des villages voisins.

L'abolition des maîtrises et des jurandes ne reçoit pas moins d'hommages :

« Il est enfin permis à tout homme, continue M. de la Tour-
» nelle, de faire usage, comme il l'entend, de ses bras et de
» ses talents. Nous ne verrons plus de prisons remplies de
» malheureux dont tout le crime était d'avoir voulu vivre. Les
» magistrats ne seront plus occupés, malgré eux, à prononcer
» la ruine de l'indigent surpris à travailler pour nourrir sa
» femme et ses enfants............. La liberté de l'industrie
» est le droit naturel......... Elle donne à chacun le moyen
» de vivre par son travail. Elle répartit plus également les for-
» tunes; attache le citoyen à la patrie; attire le commerce
» étranger; donnant l'essor à l'imagination, d'un métier vul-
» gaire elle en fait un art, et peut produire des objets jusqu'ici
» inconnus ou inexécutables, en raison du trop grand concours
» de *maîtres* qu'eût exigé l'ancienne législation. Opposer à ces
» avantages que la liberté va nous inonder de mauvaises mar-
» chandises, ce serait prétendre qu'on n'en vend actuellement
» que de bonnes, et il s'en faut bien qu'il en soit ainsi. »

On ne saurait assurément dire aujourd'hui ni plus ni mieux,
si la libre concurrence pouvait avoir encore de sérieux contradicteurs. M. de la Tournelle, sans trop admirer, comme on
le voit, la conscience commerciale du temps passé, a le vif
sentiment des bienfaits et des merveilles que doit procurer
l'affranchissement de l'industrie. Son enthousiasme cependant
ne l'égare pas cette fois. Il veut de la mesure dans les réformes
qui se vont succéder, et du tempérament même dans le bien.
Heureux de le voir entrepris, il ne demande pas qu'on le pré-
cipite.

« Ces bienfaits, ajoute-t-il en finissant, nous donnent lieu
» d'en espérer d'autres. L'état est dans une position où il y a
» beaucoup de bien à faire. Mais le bien, pour produire son
» effet, veut le moment et la circonstance favorables. L'habi-
» tude du mal est en quelque sorte naturalisée, et un change-
» ment subit serait trop dangereux. L'homme périt également
» de chagrin et de joie, quand l'un ou l'autre le vient affecter
» trop brusquement. » (Mars.)

A côté de ces grandes questions s'en place une autre beaucoup moins importante, mais qui passionna le Bureau, parce qu'il s'agissait encore d'une réforme. La ville de Soissons percevait un droit de douze sous six deniers sur les porcs mis en vente. Le Bureau en demandait l'abolition au contrôleur-général. Comme il y avait quelques opposants, une discussion s'ouvrit pour décider si une société d'agriculture avait le droit de s'occuper d'un point d'administration. Le procès-verbal rend compte en ces termes du résultat de la séance :

« Il a été décidé pour l'affirmative, et ce fondé sur les lettres
» des ministres, la possession et l'exemple des autres sociétés.
» Messieurs ont dit que ce serait abuser du mot, que de pré-
» tendre que la Société ne peut tenir que la charrue ; qu'elle
» doit aussi ôter la pierre qui empêcherait la roue de tourner,
» et enfin travailler sans relâche à rendre ses mouvements aussi
» libres que possible ; qu'il ne suffit pas de bien cultiver, mais
» qu'il faut encore arracher les mauvaises herbes ; qu'au-
» cune considération ne doit arrêter un bon citoyen, et qu'il
» faut faire une guerre publique à tous ces insectes voraces
» qui ne se nourrissent que de la sueur de l'agriculteur, en
» dévorant la semence dans son principe ; qu'on n'y pourrait
» parvenir qu'en étudiant les marches souterraines de ces des-
» tructeurs : et que, lorsqu'on serait parvenu à bien connaître
» leur existence publique, on pourrait alors mettre en usage
» plus sûrement les procédés à employer pour en dépeupler
» la terre. »

Voilà un bien cruel abus de ridicules métaphores à propos de pauvres commis d'octroi, dont toute la voracité consiste à gagner leurs maigres appointements en exécutant les ordres qu'ils reçoivent. Pitoyable jargon, qui, malgré sa date de 1776, était encore en grand usage il y a quelque dix ans.

Au rebours des révolutions, les réformes utiles ne se font pas vite ; elles ont longtemps à lutter contre la routine et l'égoïsme. C'est ainsi que cinq mois à peine après la victoire remportée par le ministère public sur le parlement, Turgot se voyait contraint de donner sa démission, et que les édits étaient retirés. Cet événement jeta un profond découragement parmi les membres du Bureau, qui ne se réunirent que deux fois dans le cours de l'année 1777.

Mais l'avènement de Necker ranima les espérances. Quoique le nouveau contrôleur-général différât des purs économistes, en ce qu'il prétendait obtenir du crédit seul les ressources que ceux-ci demandaient à l'agriculture et au commerce, on se remit de plus belle à préparer la félicité publique, et les séduisantes théories reprirent leur cours.

Parmi les plus zélés nous retrouvons encore M. de la Tournelle; mais, hâtons-nous de le dire, sa philanthropie n'était pas toute en paroles, comme c'est assez l'usage. L'office de secrétaire lui donnait droit à un traitement annuel de 500 livres; il en fit l'abandon au Bureau en le priant de l'affecter à la création d'un prix. L'offre fut acceptée avec reconnaissance, et l'on mit au concours le sujet suivant : « Indiquer les moyens » de secourir les pauvres valides de la ville de Soissons et de » les y occuper utilement; avec les procédés qu'il faudrait » suivre pour que ces secours fussent administrés avec le plus » d'ordre, d'économie et d'équité possible. »

L'exemple eut aussitôt un imitateur anonyme. Un autre prix de pareille somme fut proposé à l'auteur qui résoudrait le mieux cette double question : « Quelles sont les connaissances » nécessaires à un propriétaire qui fait valoir son bien, pour » vivre à la campagne d'une manière utile pour lui et pour les » paysans qui l'entourent? — Dans le cas où les propriétaires » ne demeureraient pas sur leurs biens, quelles seraient éga- » lement les connaissances nécessaires pour que MM. les curés, » indépendamment de leurs augustes fonctions, pussent être » utiles à leurs paroissiens? »

Neuf mémoires furent adressés sur le premier sujet; trois seulement fixèrent l'attention du Bureau. Ils avaient pour auteurs MM. *Maulian*, *Delange* et *Boisson*, inspecteur des manufactures de Lyon. Celui de M. Maulian *respirait l'ironie et le sarcasme*; il fut pourtant préféré, soit à cause même de ces défauts qui flattaient le goût du moment, soit qu'il offrit en effet des moyens plus pratiques. Le procès-verbal n'en dit rien;

il constate seulement que la Société fait toutes ses réserves sur
le ton et le style adoptés par l'auteur et en décline toute res-
ponsabilité. Les deux autres n'obtinrent qu'une mention honorable. (Avril 1779.)

Quatre mémoires avaient traité la seconde question. M. Bou-
tillier, avocat à Vienne en Dauphiné, et l'abbé Leclerc de Montlinot se partagèrent le prix. Des cinq concurrents, quatre furent admis au nombre des associés, et le dernier obtint un
siége au Bureau, en même temps que le maître en pharmacie,
Gilles Arnoult-Quinquet, habile chimiste, qui, pour un simple
perfectionnement, devait en 1785, attacher son nom seul à la
lampe à double courant d'air qu'Argant venait d'inventer.

Le titre d'associé fut également conféré à M. *Suard*, de l'Académie française et censeur des spectacles à Paris. « La Société
» d'agriculture de Soissons se sentait heureuse et fière de
» compter au nombre de ses membres un homme aussi célèbre
» par ses talents que par sa *bienfaisance et son amour pour le*
» *bien public.* » L'élégant traducteur de Robertson ne s'attendait guère sans doute à ce brevet de philanthropie.

Parfois cependant, on descendait à des détails plus modestes.
Des fouilles se faisaient alors dans un des fossés de la ville où
s'étaient rencontrées des cendres noires. Un des membres s'en
émut et s'empressa de signaler à MM. les Officiers municipaux
les graves dangers qu'il en pouvait résulter. Le Bureau, prié
de donner son avis, nomma une commission. Celle-ci déclara
que « la proximité de ces sortes d'extractions est pernicieuse
» à la végétation des plantes et à la santé des hommes et des
» animaux, et justifia sa sentence tant par la *physique de la*
» *chose* que par *l'autorité des médecins et des hommes instruits.* »
Or, cette commission ne se composait que de deux membres
dont l'un était docteur en médecine et l'autre conseiller. Le Bureau n'adopta pas moins ses conclusions à l'unanimité, et copie
du rapport fut adressée à Messieurs du corps de ville qui firent cesser les travaux. Le Bureau de Laon, qui sur ce point
était d'un avis contraire, pouvait supposer que dans cette unanimité entrait bien un peu de rancune à l'égard d'une décou-

verte dont celui de Soissons n'avait pas eu l'honneur. Aussi, quelque temps après eut-on à cœur de rendre pleine justice à son zèle et à ses travaux. Nous lisons en effet cette mention au procès-verbal du 9 novembre 1780 : « Messieurs ont procédé » à la lecture des délibérations intéressantes de la Société d'a- » griculture de Laon. Il a été unanimement décidé qu'on paie- » rait à Messieurs de ladite Société le tribut d'éloges que mé- » ritent leurs recherches et leurs expériences. » Mais ce n'é- tait plus de cendres noires qu'il s'agissait ici, c'était de tourbe, et l'éloge ne coûtait rien.

Plus jalouse que jamais de faire briller et de répandre la lu- mière sur les hautes questions d'économie politique, la Société arrêta que tous ses membres, résidents ou associés, seraient tenus de présenter un mémoire tous les ans. (Janvier 1781.)

M. de la Tournelle fut un des premiers à donner l'exemple. Il traita des moyens de procurer à la ville de Soissons des pri- sons solides, saines et spacieuses ; il insistait surtout sur la nécessité d'y introduire l'obligation du travail. Son mémoire fut adressé au contrôleur-général. M. Necker, adoptant quelques- unes de ses vues, autorisa la substitution d'une *Maison de tra- vail* à la *Maison de force*. Le nouvel établissement devait rece- voir les mendiants, vagabonds et gens sans aveu. L'inspection en fut confiée à l'abbé de Montlinot, qui, sous les auspices de la Société, s'y livra avec ardeur à de nombreuses expériences sur l'hygiène et le régime alimentaire, le pain surtout. Il est regrettable que le procès-verbal se borne à y applaudir sans les consigner.

Le canal de l'Escaut, dont les travaux étaient interrompus et l'exécution incertaine, attirait de nouveau l'attention ; un des associés se constitua le défenseur des plans de l'ingénieur Laurent. Il déclara d'un succès infaillible la conduite et la retenue des eaux, et s'efforça de rassurer les populations rive- raines contre les dangers d'inondations et de peste dont cer- taines gens les menaçaient, démontrant même que la fraîcheur du long souterrain projeté serait sans fâcheuse influence sur la santé des bateliers qui devaient en faire le service.

Un autre, pour assurer à la marine l'approvisionnement de
ses chantiers, proposait de ne laisser dans les bois et forêts que
les baliveaux de chêne, d'arracher toutes les autres essences,
et de semer de glands le terrain ainsi dépouillé d'arbres inutiles. Tout en rendant hommage aux sages prévisions de l'auteur, on trouva l'expédient par trop héroïque.

Un autre encore, voulant encourager la grande pêche qui
forme les bons matelots, était d'avis qu'on supprimât tous les
étangs d'eau douce. Les amateurs de poisson, les catholiques
rigides, et les nombreuses congrégations religieuses à qui leur
règle défend la chair, seraient obligés de recourir à la marée ;
et de là une activité nouvelle pour nos ports, un recrutement
assuré pour nos équipages. On apprécia son patriotisme, mais
on ne put se résoudre au sacrifice qu'il conseillait. Il avait
d'ailleurs oublié de supprimer aussi les rivières.

Ici l'on demandait que la noblesse pût être accordée aux
fermiers qui se distingueraient par leurs services, ou du moins
que les gentils-hommes pussent devenir fermiers sans déroger.

Là on exposait la triste situation de nos populations mari-
times, et l'on demandait que par toute la France on vînt au
secours des femmes et des enfants de braves citoyens qui ne
quittaient leurs familles que pour satisfaire aux besoins du
pays, ou pour soutenir l'honneur de ses armes.

Les bonnes intentions, comme on le voit, et l'activité ne
manquaient pas ; mais ce zèle ne fut pas de longue durée. Le
contre-coup d'un nouvel incident politique vint troubler encore une fois les esprits. La guerre d'Amérique, bien qu'honorable pour la France, avait épuisé toutes les ressources. Il
fallait recourir aux impôts ; et, dans les plans du ministre,
pour répondre aux besoins, ils devaient atteindre, sans
exception, tous les citoyens. Les classes privilégiées protestèrent, et Necker, comme Turgot, échoua devant leur résistance. Son renvoi devint une calamité publique. Les plus mo-
dérés ne pouvaient se résigner, sans murmure, à la perte ou
même à l'ajournement des espérances et surtout des illusions

qu'avait encouragées un ministre populaire. L'inquiétude et le mécontentement avaient gagné jusqu'aux campagnes.

M. Le Peletier, dont l'influence sur la direction du Bureau ne se faisait plus sentir depuis plusieurs années, soit qu'il ne la jugeât plus nécessaire, soit qu'il se sentît dépassé, résolut de dissiper ces pénibles impressions en réunissant tous les bons citoyens dans un même sentiment d'allégresse et de confiance en l'avenir. Un dauphin venait de naître. Vingt-quatre des principaux cultivateurs de la généralité (1) furent appelés au palais de l'Intendance pour célébrer cet heureux évènement.

« Vos travaux, leur écrivit-il, suivis de générations en gé-
» nérations, ont porté, Monsieur, dans cette province, l'agri-
» culture au plus haut point de perfection. Depuis quinze
» ans que j'ai le bonheur d'administrer cette généralité, je
» vous ai vu en tout temps également laborieux, et en toute
» circonstance également bienfaisant, désintéressé et secou-
» rable pour l'humanité. Je désirais avec ardeur l'occasion de
» vous en témoigner ma sensibilité. Les vœux de la Nation la
» plus dévouée à ses maîtres viennent d'être accomplis. J'ai
» toujours regardé les cultivateurs comme la base de la félicité
» publique; personne n'a donc plus droit que vous à mes yeux
» et dans mon cœur à la partager.

» Je vous invite, en conséquence, à venir prendre part avec

(1)

Bailly, de Crécy-au-Mont.	Hautefeuille, de Petit-Marizy.
Bernier, de Passy.	Lefèvre, des fermes de Clermont.
Borniche, de Pavant.	Lemoine, de Trosly-Loire.
Chéron, de Montmore, près Crépy.	Lhote père, de Chambry.
Delabarre, d'Ourcamps.	Lucy père, de Chevreville.
Dubuisson.	Lucy fils, id.
Ferté, de Sorny.	Mocquet, de Seigneux.
Flobert, de Chaudun.	Petit père, de Cuiry-Housse.
Fortier, de Mont-St-Martin.	Pinta, de Leury.
Gérard fils, de Blincourt	Potier père, de Sacy-le-Petit.
Gibert, de Rozoy.	Potier fils, id.
Giraux, de Mortefontaine.	Tassart, de Mercin.

» moi au bonheur de la France et assister aux témoignages de
» joie, de zèle et de respect que la province doit à ses maîtres,
» et à souper avec moi le 25 de ce mois, après avoir assisté
» au *Te Deum* qui sera chanté dans la cathédrale, pour la nais-
» sance de Monseigneur le Dauphin. « (16 novembre 1781.)

Tous se rendirent à cette gracieuse invitation ; et prenant au sérieux les mots de bienfaisance et d'humanité, ils offrirent de se charger chacun d'un orphelin, qui porterait le surnom d'*Antoine*, en l'honneur de M. l'Intendant. Celui-ci, ému jusqu'aux larmes, ne leur refusa pas une si juste satisfaction.

Le Bureau, de son côté, consigna dans ses registres cette touchante solennité et conféra le titre de correspondants aux vingt-quatre cultivateurs qui venaient de mettre si bien en pratique ses propres doctrines.

La dernière délibération que nous ayons retrouvée honore trop celui qui en fut l'objet et la Société qui la prit, pour que nous ne la citions pas avec quelque étendue.

Le 5 janvier 1782, le secrétaire annonça qu'une personne, qui voulait n'être pas connue, avait remis entre ses mains la somme de 240 livres pour être convertie en une médaille d'or destinée *à l'artiste dont le talent, constaté par la Société depuis un an, aurait rendu le plus de services à l'humanité dans les campagnes.* Ici nous laisserons parler le procès-verbal :

« La matière mise en délibération, Messieurs ont décidé que
» le sieur *Espiaux*, maître en chirurgie, demeurant en cette
» ville, remplissait toutes les conditions proposées : 1° parce
» qu'étant élève du frère Cosme, il n'avait pas cessé depuis
» cette époque de se livrer avec zèle à l'opération de la taille,
» au moyen du tilhotome caché ; 2° que sa dextérité et ses
» succès étaient constatés par le rapport que MM. Petit, docteur
» en médecine, et Quinquet, maître en pharmacie, avaient
» fait depuis peu à la Société ; 3° parce que le sieur *Espiaux*
» avait aidé non-seulement de ses soins, mais même de sa
» bourse plusieurs individus qu'il avait opérés, et que dans le
» nombre de ceux dont ledit rapport fait mention, il y en avait
» cinq qu'il avait taillés gratuitement.

» En conséquence, la Société a chargé les sieurs de Noire-
» fosse et de Montlinot, de remettre au *sieur Espiaux* copie
» de la présente délibération, et de proposer un exergue pour
» la médaille qui lui sera délivrée le plus tôt possible. »

On est heureux de découvrir ainsi les traces oubliées d'un mérite utile ; et quand le désintéressement vient s'y joindre, on voudrait en vouloir perpétuer le souvenir.

Ici s'arrêtent les documents recueillis. Le peu de mémoires et de lambeaux de registres où nous avons puisé les détails qui précèdent, ne vont pas au delà du 27 juillet 1782. Le reste a sans doute été consumé dans l'incendie qui éclata à l'hôtel-de-ville de Soissons pendant le siège de 1814.

Ce que nous avons extrait suffit néanmoins pour marquer une différence sensible entre les deux Bureaux de la Société. Celui de Laon reste fidèle jusqu'à la fin à l'esprit de son institution. N'abordant point la politique, sage dans ses vœux de réforme, il s'occupe avec suite de questions pratiques et enrichit en définitive le pays d'un nouvel élément de prospérité. Deux hommes supérieurs y donnent l'exemple et l'impulsion, et le laboureur, aussi bien que le savant de cabinet, rend encore justice aux services qu'ils ont rendus.

Celui de Soissons ne tarde pas à s'écarter du but qui lui était assigné. On plaide pour un système, on s'éprend d'un homme, on s'attaque aux principes mêmes de gouvernement et d'administration ; on fait de la politique sans le savoir, et qui pis est, de la politique où l'idylle à la Gesner se mêle aux déclamations à la Raynal. Deux hommes aussi s'y font remarquer ; l'un, savant, modeste et laborieux n'a pas le prestige qui entraîne ; l'autre, cœur sincère et généreux, mais imagination ardente, porte de la passion partout et se fait suivre.

Bien que le Bureau de Laon s'inspire aussi de l'opinion publique, charmée d'avoir pour la première fois son mot à dire dans des questions d'un intérêt général, son allure est longtemps calme, son ton simple et réservé. Et quand il cède enfin à l'engouement public, c'est seulement à la banalité sentimentale qu'on le reconnaît. Dès le début, la période et l'emphase règnent dans le Bureau de Soissons. La déclamation y tient plus de place que le raisonnement et l'observation. L'agriculture semble n'être qu'un prétexte, c'est l'économie politique qui est le but. Grave imprudence, qui a le tort d'habituer les oreilles de la foule aux grands mots vides de sens et propres uniquement à soulever les passions.

Mais ce danger, on l'ignorait encore, et la triste expérience que nous en avons faite ne doit pas nous rendre injustes envers ceux qui ne la pouvaient prévoir. Si le Bureau de Laon eut le mérite d'étudier, de poursuivre et de réaliser pour l'agriculture d'importantes améliorations, remarquons aussi que celui de Soissons fut un des premiers à plaider la cause des classes laborieuses ; à demander l'égalité, non pas dans les conditions, mais dans les charges ; à défendre avec énergie et bon sens la liberté du commerce et l'affranchissement de l'industrie. Ce n'est pas là, il est vrai, la mission que le gouvernement lui avait donnée ; mais à le faire, il y avait alors quelque courage, car les abus étaient invétérés et le privilège tout-puissant. On peut dire à ce sujet, comme le fait du dix-huitième siècle tout entier un de nos plus sages historiens : « Des bien-
» faits que le temps a développés et dont une effroyable catas-
» trophe n'a pu même arrêter le cours, naissaient dans cette
» génération dont nous n'avons que trop le droit d'accuser les.
» erreurs, mais qui fut plus que toute autre, animée du sen-
» timent de la bienveillance sociale. »

Laon. Éd. FLEURY, imprimeur.

IMPRIMERIE
DE
Ed. FLEURY, rue Sérurier, 21,
A